from the editor 副總編輯 馮忠恬

彎腰向青草學

說起青草，你想到什麼？

是不是腦海中只出現煮得黑黑的，充滿薄荷涼感的青草茶，功能只有消暑、退火與解渴？

關於青草，我們所知的往往太少、太片面，甚至很容易斷然直接的，將其歸類到傳統與沒落的產業裡。其實台灣青草有千種，常用的也還有四、五百種，除了降火外，根據不同配方，還可以紓緩疲勞、維持支氣管健康、芳香健脾等。一杯35元的青草茶，不僅台灣味十足，還很低調有內涵，比起烏龍茶或咖啡，它就生長在我們周邊，是很貼近日常的藥用植物。

一直記得翁義成老師說的那段話：「青草的精髓不在昂貴，而是路邊就找得到，不是雜草，是民間的藥草，端看我們識不識得。」如同寶石，看懂了便有價值，看不懂的會誤以爲是石頭。

這一期，我們跟著青草學。新鮮植物的辨識本就不易，曬乾的更難。不急，我們從最常用的十幾種開始，有的煮茶、有的燉湯、有的新鮮榨汁、有的煎蛋，了解青草茶裡的基本配方有什麼？去萬華青草巷裡到底要買哪一間/哪一杯？青草的夏日、秋日有些什麼符合身體的季節配方？另外，我們也想做個實驗，試試台灣青草與義大利草本利口酒（Amaro）的對應關係，以及台版Amaro可以跟近年調酒風潮生出什麼樣的火花？

隨著全球暖化，天氣越來越炎熱，偷偷告訴大家一個內文裡沒說到的事。明年夏日前，請燉煮一鍋仙草雞湯（將老仙草熬煮3小時成仙草湯後，和雞肉一起燉煮），只要不加紅棗、枸杞等溫性藥材，仙草爲涼補，在夏日前喝上幾次，幫身體打好防護，就不擔心夏天中暑，這是青草老師的私房調養秘方。

現在我幾乎每隔一、兩天都要喝各款不同的草茶（有適合火氣大的、熬夜的、抵抗空氣污染的），除了去攤位買，各家幾乎也都做出了方便的茶包（甚至是膠囊），邀請大家一起來挖寶，他是代代流傳下來的智慧，幫助我們照養土地、照顧自己。

Contents　日常裡的青草學

茅根茶

青草爲藥用植物，不同配方成就出不同效果。
降火、消暑、健脾、助眠，民間裡的大智慧。

消暑茶

青草茶

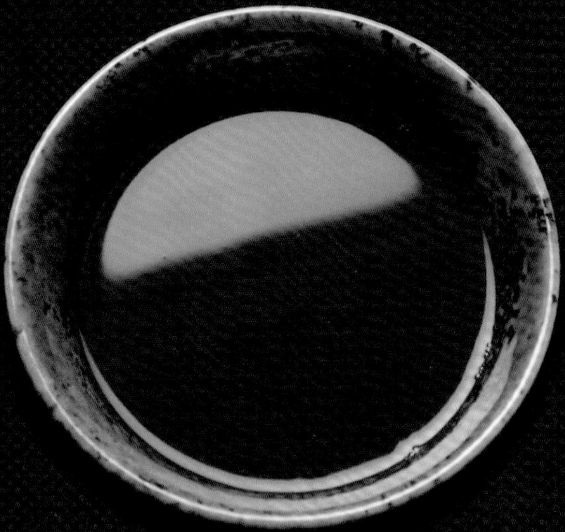

PART ONE 1 不一樣的黑

苦茶

PART ONE 2

常見的 青草原料

「青草」是個泛稱，數千種植物都可歸於其下。

草本多用來降火、**木本**多顧筋骨，夏天煮茶消暑、冬天燉湯補身，依據四時節氣，照養身體。

仙草
九層塔頭
甜菊葉
魚腥草
羊奶頭
（牛奶埔）
薄荷

祖傳秘方是活的！

教你調配出自己的青草茶配方

文／馮忠恬　攝影／Hally Chen

青草茶不只消暑，
有的還會體貼晚睡的人，
一起來抵抗疲勞。
只要了解幾樣青草的基本特性，
發展出自我祖傳秘方，一點也不難。

MUST KNOW

青草茶配方多為唇型科與菊科植物，此兩種科別大多無毒，味道也較芳香。

魚腥草

對感冒鼻子過敏很好

科別：三白草科

新鮮魚腥草可煎蛋，乾燥可用來煮茶，日本人稱其為十藥，從心血管疾病、氣管問題、皮膚過敏到去身體濕氣等，有多重的保健功效。單獨煮茶氣味不討喜，常放在青草茶裡，為青草茶複方裡的重要原料。

仙草

替青草茶染色，有獨特台灣香

科別：唇型科

新竹關西是台灣仙草的最大產地，曬乾用，放越久越好（老仙草）。可燉煮仙草雞湯（涼補消暑），是青草茶裡的重要香氣來源，對比於大多數的青草，天然的染色效果很好，青草茶裡濃郁的黑，多半是仙草的功勞。

PROFILE　說草人 翁義成

青草巷老店第二代，從事台灣本土青草行業30餘年，近年來致力於推廣青草日常化，長年擔任社區大學講師並不時有各式青草課程，擅於疏理複雜的青草用法與文化，讓大家都能感受到其對身體的好，目前為草盛園－建興青草店主理人。

黃花蜜菜

晚睡族一定要認識的青草

科別：菊科

對常熬夜晚睡的人來説，多喝黃花蜜菜有保養抵抗疲勞的效果，除了做成複方青草茶外，由於本身帶有淡淡甜味，單方煮水也很好喝。1次兩把黃花蜜菜（約2公升水），水滾後放下，以小火煮1小時（注意不要燒乾，可隨時加水），隔水冷卻後冷藏可保存約一個禮拜。

大花咸豐草

便宜大眾化，
對維持血糖穩定有幫助

科別：菊科

路邊常見雜草，實則擁有多元功效，降火、消暑、解毒等，近年中研院以動物實驗證明其對糖尿病的治療有幫助。多年生，量多便宜，青草茶裡的重要原料，曬乾煮茶，新鮮嫩葉可當野菜炒食。

薄荷

青草茶裡的芳香調味料

科別：唇型科

不入火熬煮，而是最後關火時放入燜5分鐘。青草茶裡涼感的重要調味料，不像一般料理飲品喜用新鮮薄荷，青草茶用的多是乾燥薄荷，少量使用就好。

茅草根

傳統民間利尿、解熱保健

科別：禾本科

降火消暑，除了煮成複方青草茶外，也可單獨做成茅根茶，傳統民間小孩發燒、麻疹、夏天流鼻血會飲用。若小便較黃需要幫助代謝，也是很好的保健飲品。

桑葉

整株都是寶，
溫熱喝可預防感冒

科別：桑科

路邊常見樹木，就是蠶寶寶愛吃的葉子，屬於青草茶的選用原料，桑枝、桑葉都可入青草茶熬煮，可幫助身體代謝，清涼消暑，去除油脂。也可添加紫蘇、魚腥草三方一同煮滾10分鐘後過濾，有預防感冒的效果。

紅骨蛇

消暑與顧筋骨的兩用青草

科別：五味子科

青草茶選用原料，和青草茶飲的消暑原料一起煮，有很好的熱鎮、降火、消炎效果，但若和一條根一起煮，則可保健筋骨，屬於解熱、顧筋骨的兩用青草。

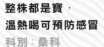

SECRET HOW TO MAKE RECIPE

我的調配 我的秘方

文／馮忠恬 攝影／王正毅

知道了青草茶的基本原料與功能後，接下來就可以調配出自己的專屬配方！常熬夜晚睡的人，黃花蜜菜可以多加一點。氣管不好者魚腥草多放些，遇熱容易流鼻血的，別忘了茅草根，希望價格實惠又降火氣，多擺些大花咸豐草；喜歡又濃又黑的，就老仙草多放些囉。

要怎麼開始呢？

去青草店，把每個想要的原料買1斤回來（薄荷用量少，可買半斤）。接著根據自我需求，某些原料多放些，某些少放些，若擔心比例，可用老師的配方為標準：6兩青草配上6公升水，其中薄荷屬調味料，少量即可。

翁義成建議配方

- 仙草1兩
- 白茅根1兩
- 咸豐草1兩
- 黃花蜜菜1兩
- 紅骨蛇1兩
- 魚腥草5錢
- 薄荷5錢
- 糖水適量（以冰糖、蔗糖或砂糖製作）
- 水6公升（煮完後約剩5公升）

1 清洗調配好的青草（若用現成的青草包可省略清洗步驟）。

2 將除了薄荷外的青草放入水中（可裝在布包或濾袋，方便之後過濾）。

3 開大火煮滾，水滾後轉小火蓋蓋子燜煮，計時1-1.5小時。

POINT

煮越久越濃郁，為了讓效果釋放，最少煮1小時，多則1.5到2小時。仙草茶較特別，若煮單方仙草，需煮3小時。

4 另備一鍋糖水（等等調整甜度用）。

5 將煮好的青草茶以濾布過濾，若渣渣較多，可多過濾幾次。

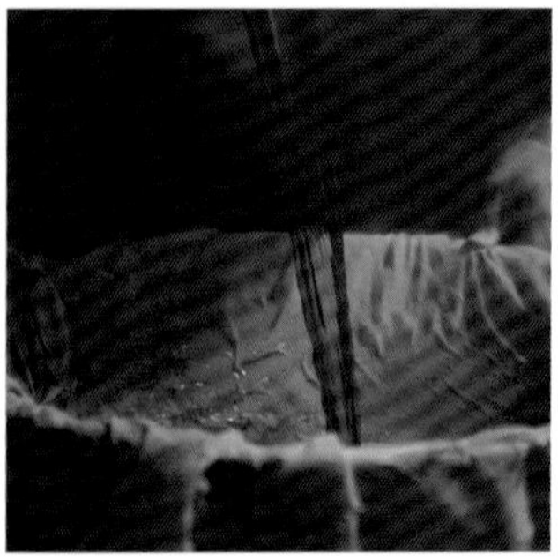

6 加入糖水，調整成喜歡的甜度（若不加糖，可省略此步驟）。

POINT

傳統青草茶不直接加糖，而是以糖水調整甜度，糖煮過茶味較香且不易壞。

7 隔水冷卻後，一定要當日放入冰箱冷藏，冷藏可保存約5天。

POINT

青草茶一定要隔水冷卻，加快冷卻時間，之後儘速放入冷藏，避免腐敗。

煮青草茶是一種
比茶、咖啡
更緩慢的節奏

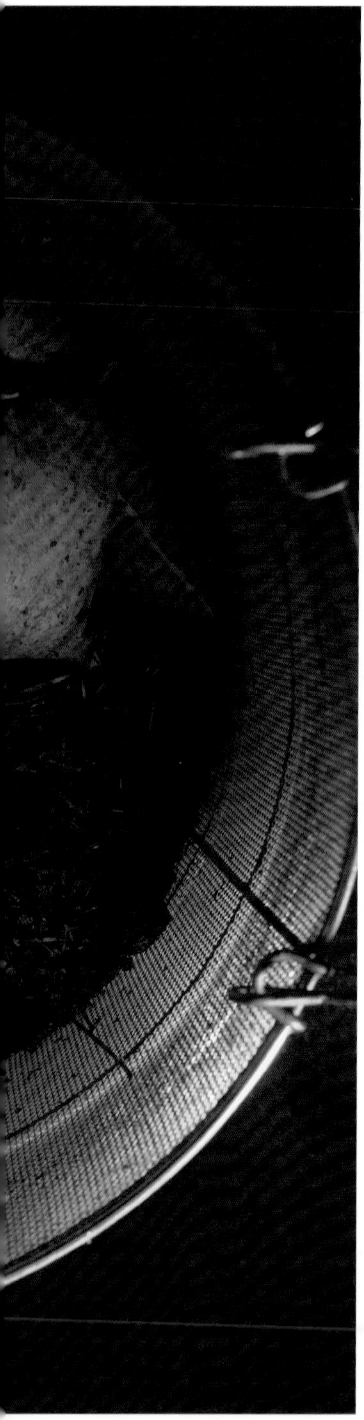

至少一小時

傳承下來的配方

過濾 2-5 次，讓湯汁喝來更乾淨

過濾 2-5 次，讓湯汁喝來更乾淨

慢火細熬，

除了煮成茶飲

還有這些日常裡的好用青草

燉湯／料理用

山葡萄

科別：葡萄科

葡萄的近親，通常只取山葡萄的根部使用，燉煮排骨或雞湯，對於眼部和筋骨有預防保健的效果。

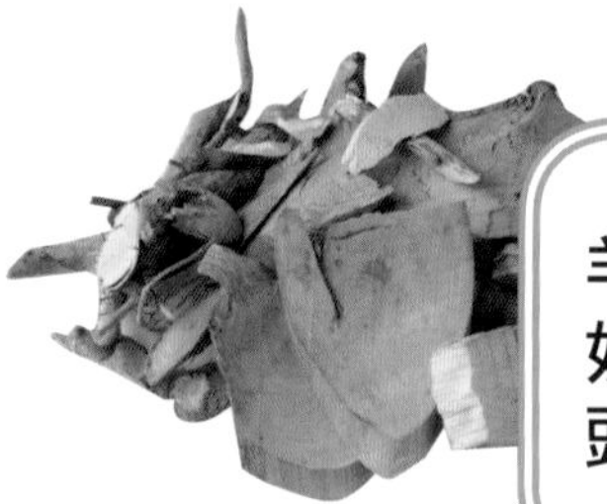

羊奶頭（小本牛奶埔）

科別：桑科

性質與用法和牛奶埔相近，又稱為「小本牛奶埔」，因生切時會流出乳白色汁液而得名，對筋骨很好。

大本牛奶埔

科別：桑科

全株根莖葉都可以使用，較常見於燉煮雞湯，味道甘潤，是藥膳食補餐廳的常用食材。

洛神

科別：錦葵科

使用的是花萼。鮮品、乾品可直接泡茶或入料理，味道酸酸的很開胃，可養顏美容，對於肝也有養護的效果，若要煮洛神花茶，為增加層次感，常會添加烏梅、甘草或山楂一起熬煮。

艾草

科別：菊科

獨特氣味可以紓緩頭痛，經常用於沐浴、薰香、驅蟲，也會加入蓬萊米粉和糯米粉做成草仔粿，餡料可甜可鹹十分討喜。

九層塔根

科別：唇型科

也有人稱「九層塔頭」，有益於開胃與腸胃吸收，以前鄉村阿嬤會在小孩成長發育期煮雞湯幫助「轉骨」。

文／石傑方、馮忠恬　攝影／王正毅

青草與過去的飲食生活密不可分，食補、料理、煮茶、煲湯無所不用，
新鮮青草可以做爲野菜直接烹炒上桌，曬乾的就拿來當成日常飲料或調補養身。

單方煮茶／榨汁

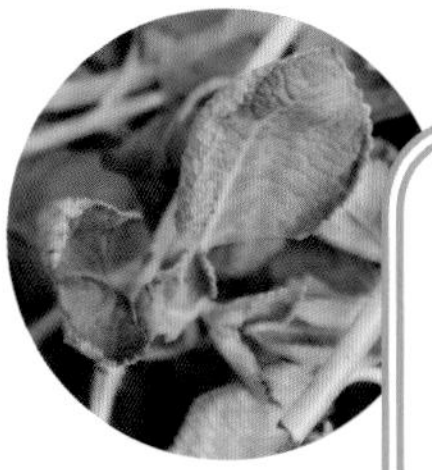

左手香

科別：唇型科

民間會用來消炎，尤其對喉嚨痛，嘴巴破皮很有效果，大部分都以新鮮直接榨汁，喝起來酸酸辣辣的，萬華青草巷有賣左手香原汁與新鮮左手香，是很常見/常用的青草原料。

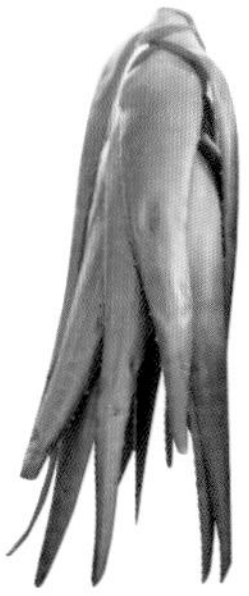

蘆薈

科別：百合科

天然保養品，含有豐富纖維質可幫助腸道蠕動，除了可做成蘆薈汁，新鮮蘆薈去皮切碎加入蛤蜊、蜆仔燉煮，是地方媽媽的拿手私房料理。

天然的糖替代品

甜菊葉

科別：菊科

含有豐富的甜菊素，熱量低，是天然的糖替代品，含在口中可以清除異味，也適合加入各種飲料調味，唯孕婦需避免食用。

艾草粿

端午前後，便是艾草茂盛的時候。

青草藥和中藥有什麼不同？

就成分而言，青草全為植物，中藥除了植物外，亦包含了礦物與動物。在製程上，現採的新鮮青草洗淨即可使用，最多增加曬乾或陰乾後的切片程序，中藥則有繁複的「炮製」法，如，酒製、蜜炙、湯洗…等百種加工方式。深入溯源，自宋代起，才出現獲得國家認證的「官藥」，以及民間口耳相傳「生草藥」的貴賤之別，青草通常有藥用，也可稱為青草藥或藥用植物。

青草藥原是生長於山林、田野、溪河甚至水溝邊的野草，經過先民不斷嚐試，漸漸分辨出哪些可用於減緩疼痛、補身健體，是日常生活的智慧結晶。

新鮮vs.乾燥青草，差別在哪裡？

新鮮青草仍含有水分，但易腐壞、保存期限短，煮出來的青草茶草味較重；乾燥青草耐儲存、可久放，日曬後屬性會稍微轉換，不會過涼。

青草乾燥主要是方便儲存，尤其季節性的青草藥如此才好隨時取用。

HERBAL TEA

如何判斷青草藥的好壞？

鮮草的色澤翠綠、水分足，如果店家進貨後未妥善冷藏，過兩三天草葉就會開始發黃，看起來頹頭喪氣。葉肥、植株壯就是好草，有蟲咬痕跡也無妨，表示沒有農藥。乾品則以聞起來天然清香，沒有受潮為上選。

青草藥買回家應該如何清洗？

一般青草店為了避免傷害藥材，延長保存時間，並不會特別仔細清洗青草，消費者使用前洗淨是必要步驟。可從根部開始，先以少量的水沖去泥土，接著清洗莖葉。糾結成團的草藥，需浸泡後多洗幾次，球莖類則需注意根部有無鬆軟，或藏有蛀蟲。新鮮的需要多少洗多少，未用完的可密封包裹，放入冰箱保濕，延長保鮮期，乾燥青草則存放在陰涼乾燥處即可。

熬煮青草應使用什麼材質的鍋具？

透氣的陶瓷鍋為上選，不鏽鋼類鍋也可以，禁用鋁鍋。市面上九成的青草茶配方都有薄荷，但薄荷不會同其他青草一起熬煮，精油重的青草久煮反而會喪失其芳香，通常是關火後放入燜一下即可，所以在外面買青草茶配方時，通常旁邊會附上一小包，熬煮時可別一起丟下去喔，那是薄荷，最後放入燜幾分鐘即可。

Q AND A

文／趙敍廷　攝影／DingDong 叮咚

青草茶、涼茶、苦茶、百草茶，有何不同？

涼茶之於廣東人如同青草茶之於台灣人，都具有解熱降火的功效。苦茶之名，源自青草本身的苦澀味，不論苦茶、青草茶、百草茶皆為複方茶，各家因應不同需求而有相異的配方。百草茶的配方常可多達數十種，像是口味進階版的青草茶;「百」也代表可製成青草茶的草藥種類繁多，故以百字喻之。

青草藥都是退火的嗎？

大多數的青草藥性屬涼、寒，尤其是用來製作涼茶的種類，但也有性平和性溫的青草。且青草不只用來降火，昔時西醫不發達的年代，舉凡發燒、發炎、流鼻水、起麻疹等，都有相對應的青草可以支應。

青草茶能不能天天喝？

為滿足最多受眾，大部分的青草茶配方都會顧慮，不會太過涼寒，偶爾喝一次沒問題，日日喝則要視體質而定，觀察有無腹瀉現象。因消費者通常不確定青草茶內的複方內容物，建議六歲以下孩童或孕婦盡量不喝，氣血體虛的人則可以每隔兩、三天喝一次，隨時關心自己身體，找到適合的飲用頻率。

青草茶比較適合在夏天喝？

其實不然，青草茶是一年四季皆宜的飲品。不適合喝青草茶的情況，往往關乎於個人體質，有些人夏天可以喝，到了冬天卻不能，務必先了解自己的體質屬性，再決定飲用時機與份量。

熬好的青草茶可以存放多久？

青草茶煮好隔水冷卻後，要馬上送進冰箱，不能室溫放隔夜，容易發酵酸臭，沒喝完的茶一定要冷藏。以鮮品煮成的茶冷藏可放約五天，乾品煮成的青草茶冷藏可保存一週，冷凍可延長至兩週。

MER 夏日青草

金銀花

科別	忍冬科
別名	忍冬花
主要功效	清熱解毒、增強皮膚抵抗力
性味	性寒味甘
忌食狀況	孕婦、六歲以下、發燒與失眠者、
	消化不良者、經期中、B肝患者

食 金銀花陳皮老鴨湯

功效 **祛暑消疲、益氣健脾開胃**

食材 **老鴨500g、白蘿蔔200g、新鮮金銀花3g**

調料 **陳皮5g、老薑10g、泡椒15g、米酒20g、鹽10g**

1. 將鴨肉切成大塊、白蘿蔔切塊，備用。
2. 汆燙鴨肉，撈起。
3. 鍋內倒入2公升水燒開，下鴨肉、米酒、陳皮、老薑、泡椒，再以大火煮沸。
4. 調小火慢燉1小時，最後加鹽煮5分鐘即可。

POINT! 老鴨才滋補，嫩鴨帶濕邪，反會增加體內濕氣。

飲 三花茶

功效 **祛暑解渴、促進鼻子暢通**

材料 **乾金銀花15g、杭菊10g、茉莉花3g、蜂蜜（視個人口味調整份量）**

1. 將材料洗淨並瀝乾 。
2. 瀝乾後的材料放入杯中
3. 取半公升熱水沖入杯中，泡約5分鐘即可飲用。

馬齒莧

科別	馬齒莧科
別名	長壽菜、荷蘭菜
主要功效	清熱解毒、祛濕消腫
性味	性寒味甘
忌食狀況	易腹瀉者、孕婦

食 馬齒莧涼拌豆干

功效 **清肝火**

食材 **新鮮馬齒莧50g、黑豆干200g、白芝麻少許**

調料 **蒜頭3瓣、辣椒1條、麻油2大匙、鹽1小匙、糖1小匙**

1. 豆干燙熟瀝乾切丁備用。
2. 辣椒切絲、蒜頭切末，加入調味料拌勻備用。
3. 馬齒莧以沸水浸泡5分鐘後撈起，將水分以廚房紙巾吸乾，切成末。
4. 將馬齒莧末與豆丁、醬汁一起拌勻，放進冰箱冷藏，食用時再撒上白芝麻即可。

POINT! 馬齒莧葉子較小，可先把根和老葉挑掉後再清洗，較容易處理。

飲 馬齒莧果菜汁

功效 **降火氣**

材料 **馬齒莧10g、苦瓜60g、檸檬汁30ml、柳丁汁60ml、香蕉半根、土肉桂葉半片、水200至300ml、冰塊少許、蜂蜜適量（依個人口味調整）**

先將馬齒莧和苦瓜切碎，和其餘材料一起放入果汁機打勻。

季節配方 SUM

文／趙敍廷　插畫／胖胖樹（王瑞閔）
參考資料／《台灣原生菜，尚好！》
（台東農業改良場出版）

淡竹葉

科別	禾本科
別名	竹葉、山雞米
主要功效	清熱利尿、維持情緒穩定
性味	性寒味甘
忌食狀況	頻尿腎虧者、孕婦

食　竹葉粥

功效　**幫助睡眠與情緒穩定、預防中暑**
食材　**鮮淡竹葉10g、白米50g、糯米50g、白糖適量**

1. 將白米與糯米浸泡10分鐘。
2. 淡竹葉加入水中，煮10分鐘後撈起。
3. 將白米放入作法2的竹葉水，以大火煮沸後改文火熬煮至稠狀。
4. 加入白糖後即可食用。

飲　竹葉豆漿

功效　**清心健腦**
材料　**黃豆2杯（需先泡發過）、白米3/5杯、淡竹葉乾品少許。**

1. 將黃豆和洗淨後的白米放入豆漿機，加水至中水位線，按下穀類按鍵打漿。
2. 將淡竹葉加入漿中浸泡，至散逸出竹葉清香，再以濾網過濾即可。

POINT!　淡竹葉不能和黃豆與米一起打漿，會有不好聞的藥味。

仙人掌

科別	仙人掌科
別名	龍舌、觀音掌
主要功效	清熱解毒、行氣活血、潤腸助消化
性味	性寒味苦
忌食狀況	脾胃虛弱者

食　仙人掌雞肉炒蛋

功效　**行氣活血**
食材　**雞胸肉100g、新鮮仙人掌100g、鮮香菇20g、蛋清30g**
調料　**植物油1大匙、鹽2g、大蔥5g、老薑3g、米酒、藕粉各1小匙**

1. 將仙人掌除刺洗淨，去皮切片後汆燙備用。
2. 雞肉、香菇切片備用。
3. 雞肉片放入蛋清加藕粉拌勻。
4. 下油鍋煸香蔥花與薑末後，加入仙人掌、雞肉、香菇翻炒，炒熟後再放入其他調料快速翻炒即可。

飲　仙人掌百合羹

功效　**幫助入睡、維持血壓穩定**
食材　**新鮮仙人掌200g、新鮮百合200g、白開水600ml**
調料　**白糖1小匙**

1. 仙人掌切丁，百合掰瓣備用。
2. 將仙人掌、百合、白糖以大火煮沸後，改文火煮10分鐘，倒入碗中放涼即可。

UMN 秋日青草

曇花

科別	仙人掌科
別名	月下美人
主要功效	維持肺部健康
性味	性微寒味甘、淡
忌食狀況	胃寒者

食　曇花蓮子湯

功效　**潤肺止咳、益氣安神**
食材　**新鮮曇花3-4朵、蓮子一大把、白木耳2朵、紅棗10顆、冰糖150g、白開水2公升**

1. 白木耳泡軟(約需一小時)，紅棗、蓮子洗淨備用。
2. 曇花分瓣撥開，去掉花蕊洗淨花粉備用。
3. 將水加入電鍋內鍋，外鍋兩杯水，煮白木耳。開關跳起後再燜半小時。
4. 加入紅棗、蓮子、曇花，外鍋加入1杯半水，開關跳起後再燜半小時即可。

飲　曇花冰糖飲

功效　**潤喉止咳**
材料　**新鮮曇花3朵、水600ml、冰糖適量**

將曇花洗淨，放入水中煮沸後，加冰糖文火再煮2分鐘即可關火，冷熱飲皆宜。

火炭母草

科別	蓼科
別名	秤飯藤、白飯草、蕎麥當歸
主要功效	性涼味辛、苦
性味	清肺熱、止咳、涼血消瘀
忌食狀況	孕婦、經期中

食　火炭母草炒蛋

功效　**維持呼吸道健康**
食材　**新鮮火炭母草100g、雞蛋2顆、蔥花少許**
調料　**鹽少許、藕粉水1小匙、食用油適量**

1. 將火炭母草洗淨，摘下嫩葉。
2. 將蔥花和鹽放入蛋液中打散，加入藕粉水，攪勻備用。
3. 注油入鍋，倒入火炭母草炒熟，再倒入蛋液翻炒即可。

飲　火炭母蜂蜜飲

功效　**維持呼吸道健康**
材料　**新鮮火炭母草150g、蜂蜜適量**

將火炭母草榨成汁，再加入蜂蜜，小口慢慢飲用。

SEASON
HOW TO MAKE
RECIPE

AUT

雞屎藤

科別	茜草科
別名	土蔘、五香藤、五德藤
主要功效	支氣管健康、增強體力
性味	性平，味甘、酸
忌食狀況	脾胃虛寒者、孕婦

食　雞屎藤粿

功效　**消積化濕、和胃止痛**
食材　**新鮮雞屎藤葉120g**
調料　**黑糖150g、糯米粉450g、在來米粉50g、清水400ml**

1. 洗淨雞屎藤葉，加入清水，放進果汁機打碎。
2. 加入黑糖攪拌，煮沸放涼備用。
3. 將糯米粉與在來米粉混合進雞屎藤糖水，和成麵糰。
4. 隨個人喜好包入甜或鹹餡料，搓成適口團狀。
5. 下方墊粽葉、芭蕉葉或烘焙紙、蒸墊布，大火隔水蒸15分鐘。

飲　雞屎藤紅棗茶

功效　**止咳、活血**
材料　**雞屎藤根乾品30g、紅棗10顆**

1. 將雞屎根切碎，紅棗切開，加水1500ml，煮沸。
2. 文火續煮半小時後，過濾取其汁飲。

魚腥草

科別	三白草科
別名	折耳根、臭草、蕺草
主要功效	維持肺炎、支氣管健康、提高免疫力
性味	性微寒味辛
忌食狀況	虛寒體質者

食　魚腥草炒蛋

功效　**滋陰潤肺**
食材　**新鮮魚腥草150g 、雞蛋4顆**
調料　**蔥花、鹽少許**

1. 將新鮮魚腥草洗淨切段、打好蛋液，備用。
2. 熱鍋煸香蔥花，放入魚腥草翻炒。
3. 加入蛋液快速翻炒，加鹽和少量水，將蛋炒熟即可。

飲　魚腥草茶

功效　**舒緩鼻子過敏、增強抵抗力**
材料　**新鮮魚腥草15g、冰糖30g、水800ml、薄荷少許**

1. 魚腥草洗淨瀝乾備用
2. 將魚腥草放入鍋或壺中以大水煮沸，再轉文火煮15分鐘。
3. 關火，放入薄荷燜5分鐘。
4. 過濾後加入冰糖即可飲用。

德安青草店
草本 阿來師
10 德安
西昌街
萬安 百年老店
青草茶
9 萬安
百年老店
本產藥茶 青草藥膏
四知
康定路278巷
4 四知
青草巷
店草青安安
艋舺地藏王廟
全台最大的青草集散地
2015年登錄為歷史建築
5 安安
順春 6
弘順 7
順春青草店
苦茶
青草茶
弘順青草店
青草藥專業 批發 零售 代製

來喔！

去萬華的青草巷逛逛

文／馮忠恬　攝影／鄭弘敬　插畫／I-Jin Chen 今今

發現！青草巷

從捷運站出來，走路5分鐘，龍山寺周邊，從清代就開始有的小聚落，一直以來，安靜且守本份的，在這裡生活、賣草藥，在他們眼中，那些我們看不懂的植物，信手拈來全是妙用。短短的西昌街224巷，還有廣州街上的那幾間，讓我們一起去走走逛！

1

賣有三角茶包

不只退火青草茶，還可依照個人需求（養肝、護氣管等）找到不同配方的水煮式與沖泡式茶包。

2

幹嘛去找透明奶茶，這裡就有厲害的蒸餾系列！

前幾年台灣人到日本會特別去找透明奶茶，看似透明如水，卻有奶茶的濃郁香氣，這招在萬華的青草巷早就有了，不信，去天順蔘藥青草行找找看。

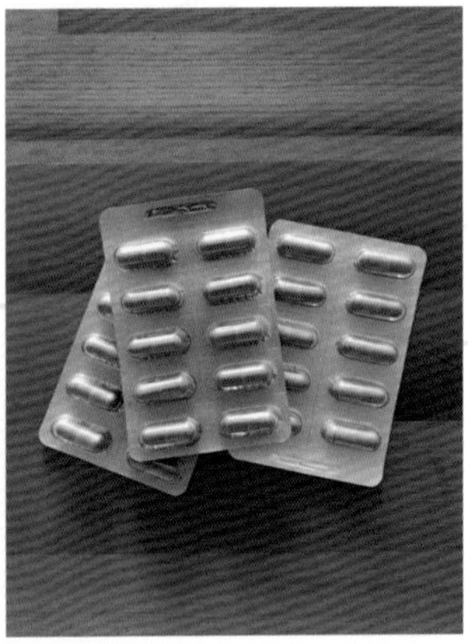

3

不敢喝苦茶，就吃以青草做成的苦茶丸吧！

符合現代人生活，從水煮式茶包、沖泡式茶包到藥丸，若想買青草卻不知道該買哪一種，也可告知需求，請店家幫忙調配。

4

不只青草茶，還有十多種複方茶

來這裡別只喝青草茶，還有茅根茶、蒲公英汁、洛神花茶、左手香汁、夏桑菊茶、魚腥草茶、金銀花露等多種青草配方茶。

每家都說自己的最好喝！

不偷懶，不濃縮還原，各家都以青草細細熬煮，風味與想表達的都在配方裡了。捨棄古老的大湯匙舀茶，重視衛生，冷卻後直接裝瓶。

7

都是慢火細熬，一點都不偷懶

5

各款茶都是花1-3小時用瓦斯慢慢熬煮出來的。

6 週一新鮮進貨

新鮮與乾燥的青草皆有。魚腥草、左手香、蘆薈、艾草、老仙草……每週一新鮮進貨，品項與鮮度最足。

青草與中藥複合店

8

天順與弘順是中藥行也是青草行，跑一趟青草跟中藥都買得到！在茶飲的調配上，不僅消暑，也有溫補、補氣茶。

1

專心賣4種茶，用小瓶子帶著走

生元青草店

SHOP INFO

09:00-21:00（週日公休）
02-2306-6010
台北市萬華區西昌街224巷15號

生元只賣四款茶，蒲公英茶很消暑，卻是苦味裡的大魔王。青草茶配方沒有一般青草店一定會加入的薄荷，風味和其他家明顯不同。

青草巷有兩個入口，一個靠近龍山寺，一個在艋舺地藏王廟對面。生元青草店是龍山寺入口處的第一間（同時也是另一入口處的最後一間），目前爲第三代林羿彣經營，是青草巷裡唯一一間，沒有在西昌街大馬路上另闢茶飲小攤車的店，如果不走進青草巷仔細看，很容易就錯過。茶飲的風味很好，四種口味全以小瓶子裝，讓人不用馬上喝完，放在包包裡很方便。

這裡的苦茶不苦，想嘗試苦茶卻又怕苦的人可試試。大魔王是蒲公英茶，不像其他攤家以新鮮蒲公英榨汁，生元的蒲公英茶是熬煮過，呈茶色，苦味濃厚（比苦茶還苦），中暑、皮蛇、痔瘡等都很適合喝一杯。

位處轉角，百年來的生活記憶都在此，如同羊皮紙，一層層堆疊，很有青草雜貨店之感。

2 10

苦茶濃度No.1，有熬煮式水藥茶包

德安青草店

SHOP INFO

09:00-21:00（週日公休）
02-2308-5549
台北市萬華區西昌街224巷11號

鐵人活力飲　洛神花茶　香蘭冬瓜茶　苦茶　牛蒡茶

爲觸及更多消費者，青草巷內的店家通常都會有兩間店，一間在青草巷內（主賣新鮮／乾燥青草），一間在西昌街外的大馬路上（招攬過路客賣青草茶飲）。德安在馬路與巷內各有一間店，街邊店以茶飲、茶包等伴手禮爲主，其中最特別的是專屬的熬煮式茶包（水藥），稍微加熱便能飲用。

巷內則是熬煮青草茶、青草榨汁與販賣新鮮青草的大本營。新鮮青草的生意很好，不時有人來買魚腥草、艾草，還有客人特別要牛奶埔、狗尾草回家燉湯。德安的苦茶熬煮三小時，非常濃郁非常苦，但不少客人就是愛這味。洛神花茶、香蘭冬瓜、牛蒡茶也很推薦，水藥則可買回家加溫喝，或丟在湯裡熬煮養生添味。

德安是青草巷裡唯一一個做熬煮式茶包（水藥）的店家，共有美人四物飲、人參首烏帝王飲、鐵人活力飲、釘地蜈蚣加味飲、轉骨發育增高湯五種口味。

3

會回甘的魚腥草茶

萬安青草店

SHOP INFO

08:00-22:00（週日公休）
02-2302-4290
台北市萬華區西昌街224巷9號

一共有三間店，兩間在青草巷內，外加西昌路上的青草茶攤，是青草巷裡門面最大的青草茶店，目前爲女兒劉佳旻接手，內行的老客人會直接走到裡面找老老闆買新鮮青草或青草藥膏，女兒則主掌外面的青草茶攤，很推薦萬安的魚腥草茶，沒有添加甘草喝完卻會生津回甘，另也有新鮮的蒲公英汁，新鮮榨汁和煮過的風味完全不同，除了苦味，還多了生味，是一款很需要勇氣膽識的茶飲，看到我們喝一口後的苦瓜臉，店員忍不住笑著說：「你們不懂吃苦，很多人還會特地來這裡喝蒲公英汁呢。」果然青草茶飲是個深邃的飲料，有甜有苦有生有酸，任君挑選。

可以煮湯補腎的羊奶頭。

4

阿嬤時代就流傳下來的青草藥膏

四知青草藥膏店

Shop info

08:00-20:00（週日公休）
02-2308-1526
台北市萬華區西昌街224巷5號

位在轉角處，艋舺地藏王廟入口的第一間店，門口擺著滿滿的新鮮青草，賣青草就像賣菜一樣，絡繹不絕的人潮，有人熟門熟路的直喊要左手香、有人拿著單子請第四代老闆娘幫忙撿選，有人專門來買各種功能性茶包（保肝茶、消渴茶、健康草茶……），第五代傳承者驕傲的說：「我們的茶包都有經過SGS檢驗，在蝦皮也買得到喔。」

店內掛著阿嬤的相片，據說很多老客人都是認相片過來的。四知是青草巷裡，唯一一間沒有賣單杯青草茶飲的店，老闆娘笑著說：「我們光賣青草跟茶包都忙不過來了。」茶包是根據長輩留下來的配方再去做風味上的微調，同時兼顧味道與養生，不過秘密武器首推青草藥膏，黑黑的一小片很萬用，筋骨酸痛、刀傷、燙傷都可貼，是行家中的行家才懂得用的精品。

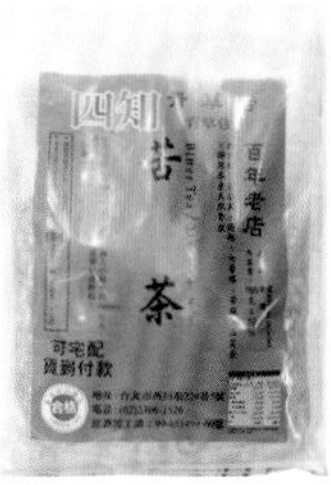

1

2

3

1. 精挑細選的苦茶配方。**2.** 除了飲用的茶包，這裡也有青草沐浴包。**3.** 從阿嬤時代就流傳下來的黑色小藥膏。

5

洛神與烏梅的美麗共舞

安安青草店

SHOP INFO

08:00-21:30（週日公休）
02-2302-1408
台北市萬華區西昌街224巷巷口

店面非常小，在西昌街轉224巷的邊間。門口的攤車招攬著客人，後面則賣有新鮮與乾燥青草，問到最得意自己的什麼茶？除了青草茶外，拿出了洛神花，直說這是充滿台灣味的茶飲，裡頭有洛神、仙楂、烏梅、陳皮，口感濃郁，有別於坊間洛神花茶的酸甜感，多了烏梅的質地。

安安的茶包比起其他青草茶攤足足大了一半，一包10克（一般是4－6克），讓消費者可以反覆沖泡不會太快無味，近年參加萬華青草聚落改造計畫，改了攤車門面，整體看起來更清爽舒服，傳統的茶飲品項：青草茶、苦茶、洛神、魚腥草茶、蘆薈汁、冬瓜茶、左手香原汁等都有很好的水準。

安安的茶包足足比其他間大了快一半，推薦洛神、魚腥草與蒲公英茶。

6

風味濃郁，還做成可以吃的青草丸

順春堂

SHOP INFO

09:00-22:00
02-2306-5898
台北市萬華區廣州街187號

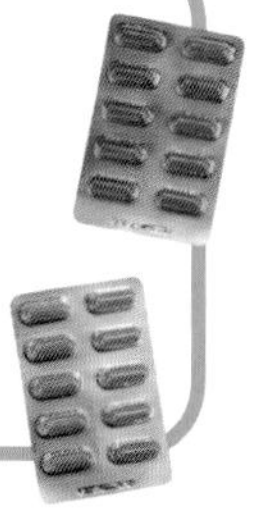

苦茶丸（上）、薑黃丸（下）。

順春堂一共有六款茶：冬瓜茶、苦茶、仙草茶、青草茶、洛神花茶、檸檬汁，除了檸檬汁，都走濃郁路線。

在離青草巷走路1分鐘的廣州街上，一九九九年創立，屬青草聚落裡的年輕店家，對於店面的陳設、包裝很有自己的想法，不像傳統青草店僅以塑膠袋包裝茶包，順春堂的茶包都有自己的設計，很適合當伴手禮，使用的青草都有經過農藥與重金屬檢驗，最近還通過HACCP認證（全球通用的食安風險危害管理系統），不只做茶包，還把苦茶配方與薑黃洗淨風乾研磨成粉後做成膠囊，目前有苦茶丸、薑黃丸，據說對睡眠、疲勞、消暑等很有幫助。

順春堂的六款茶飲都走濃郁路線，仙草茶喝來有仙草蜜的膠質感；青草茶用的是黑糖而非砂糖；即使是檸檬汁，酸甜比也拿捏的很好，老闆對於風味的想法有別於傳統的青草茶店，喝得出創新實在感，在淡水也有一分店。

8

自做青草蒸餾，中藥青草複合店

天順蔘藥青草行

老闆翁義煌擁有中醫執照，從小跟著父親，在陽明山還不是國家公園的時候，就常上山採藥。青草、中藥於他而言是從小到大的生活，因此開設此一中藥青草複合店，除了有青草店常見的退火涼補外，也有偏向中藥材溫補的菊花枸杞、桂圓紅棗鮮奶茶、紅景天黃耆等飲品，品項多達二十幾種，是整個青草聚落裡飲品種類最多的店家。其中最特別的是「蒸餾系列」，其實青草巷店家大都有賣蒸餾的地骨露（和廠商直接交貨，因此店家通常不會特別推薦），天順則有自己的蒸餾系統，百分百自製，並發展出金銀花露、薑黃寶干露、川芎防風露、杏仁露等八種品項，翁義煌特別選用香氣濃厚或有植物油的材料，蒸餾後的分子更小，更容易被人體吸收。

其中杏仁露非常讓人驚艷，外觀似白開水，喝起來卻有阿嬤熬煮的濃濃杏仁味，根本不用羨慕

Shop info

09:00-22:00
02-2306-5898
台北市萬華區廣州街199號

蒸餾系列看似白開水，喝來卻有濃濃的青草香。

日本的透明奶茶，原來在我們的青草巷裡就做得到！

天順的茶包也很特別，非經過乾洗，層層將雜質打掉，而是直接水洗、烘乾後再粉碎包裝（多一道工序），沖泡出來有種潔淨感，調配的青草茶包非常好喝，不需加糖，就有青草的甜。

7

從飲品、貼布、精油到沐浴包全都有

弘順青草店

Shop info

09:00-21:00（週日公休）
02-2338-0331
台北市萬華區廣州街185號

弘順是天順老闆翁義煌大哥開的店，同樣是青草與中藥複合店，但對茶飲的配方風味卻截然不同。天順專注在飲品的開發上，弘順則從生活各方面著手，舉凡茶飲、貼布、精油、沐浴包、羅漢果等都有，兩者的青草茶配方不同，各自長出了自己的模樣。

兩代之間 老濟安
改頭換面的青草茶舖

文／石傑方 攝／王正毅

覺得青草很老嗎？
與其說老，我們更想說它是經典。
從《本草綱目》、《黃帝內經》以降，
告訴了我們好多的事，
不只是滿足口腹之慾，
還有日常裡的保健調養，
它是常民的飲料，
是生活裡該給它安上的光。

隨著越來越多年輕人接手，
青草舖子的模樣也漸漸有了改變，
除了新潮的咖啡館、茶館外，
是不是也能有漂亮的青草茶舖？

40年前，買青草就像買菜一樣尋常

烈日當空，口乾舌燥時常會想喝杯青草茶袪熱退火，說到青草行，很多人直覺會聯想到飲料店，但若將時光往前推移40年，上青草行抓草藥，可是像到菜市場買菜一樣稀鬆平常。

民國六〇年代即在萬華開業的老濟安，經歷過青草行最輝煌繁榮的年代，也親身參與時代轉變下的衰頹與轉型。第三代年輕老闆王柏諺和王爸爸回憶小時候的青草巷，每天都是人聲鼎沸，一早拉起店門，大門口、騎樓下已經擺滿採草人當天清晨上山採集的各種青草，清理乾淨並依據等級、特性的不同，一堆堆分類好待價而沽。

在那個醫療還不發達的年代，生病看醫生是很昂貴的開銷，青草行便扮演著庶民大眾與中藥行或西醫診所之間的中介，若是受了風寒，或者身體有些小病痛未到非得就診看醫的程度，人們會透過食療的方式，調配草藥紓緩不適。因此每個

壺裡百草乾坤

人對於各種植物的特性都有基本認識，輕微感冒可以到田埂間拔紫蘇、薄荷、板藍煮水喝；天氣燥熱疲倦腦脹時，就熬煮仙草、咸豐草、魚腥草幫助減壓和消暑。王爸爸說，老客人心中都有一本自己的百草經，青草行就是一個開放的場域，讓大家可以在此交流彼此使用青草的心得。

關起門來的「祖傳秘方」，讓青草難以系統化

48年次的王爸爸，從小學起就跟在母親身邊接觸青草的知識，民國61年在萬華龍山寺青草巷擁有自己的店面。過去的醫學知識不高，往往仰賴老一輩人代代累積口耳相傳，民間出現了如藥籤、赤腳仙的現象，或是各家關起門來秘而不宣的「祖傳秘方」。同時，由於各地對於青草的稱呼不同——比方雞屎藤的「藤」，閩南語與「沉」同音，因此又被稱作雞屎沉——紛亂不一的俗名、音譯，以及對草藥配方的各自表述，都讓系統的統整

兩代之間

父親用的傳統老青草罐。

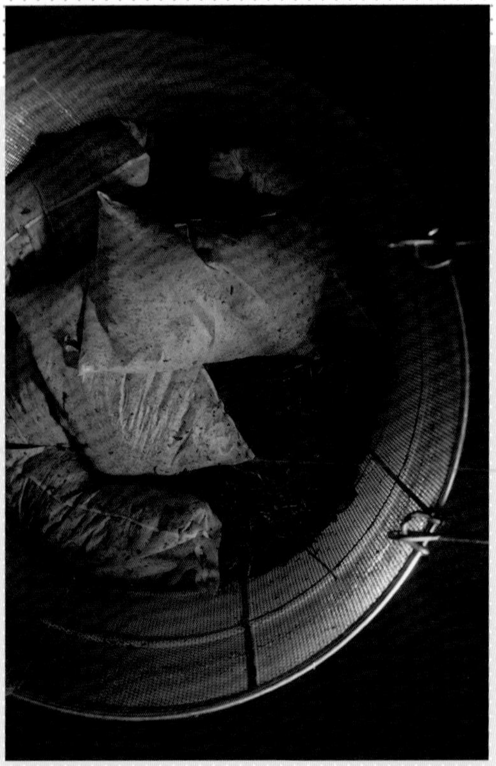

王柏諺的點子！不直接讓青草入水熬煮，
而是先放在過濾網與青草包裡，
方便煮茶前的配方抓取與煮後的過濾。

更加困難。

當時青草行生意非常熱絡，使用的植物種類一千多種，各種草藥都有人買，除了乾草，也有大量的鮮草，一落落鋪滿店頭攤架，或從天花板垂吊而下，如果不說，眞會以爲是個蔬菜攤。門口不只有賣青草茶的批發商排隊等著採買，也有一般家庭客人，有的是要幫正在發育期的小孩燉雞湯，或者爲了活絡筋骨、袪傷解瘀、消腫止痛等各種目的而來。

以前的客人大多略懂藥性，甚至有些比青草行老闆還懂，王爸爸透過討論反饋，逐步深厚青草的見解與販售的種類，如今老濟安店裡仍放著兩、三百個草藥鐵桶，有些外表已經斑駁，都是從開業當時保留至今的歲月見證。

健保與手搖飲料，讓青草產業漸漸式微

走過80年代的全盛時期，台灣的青草行開始面臨巨大的轉變與蕭條。隨著全民健保正式開辦

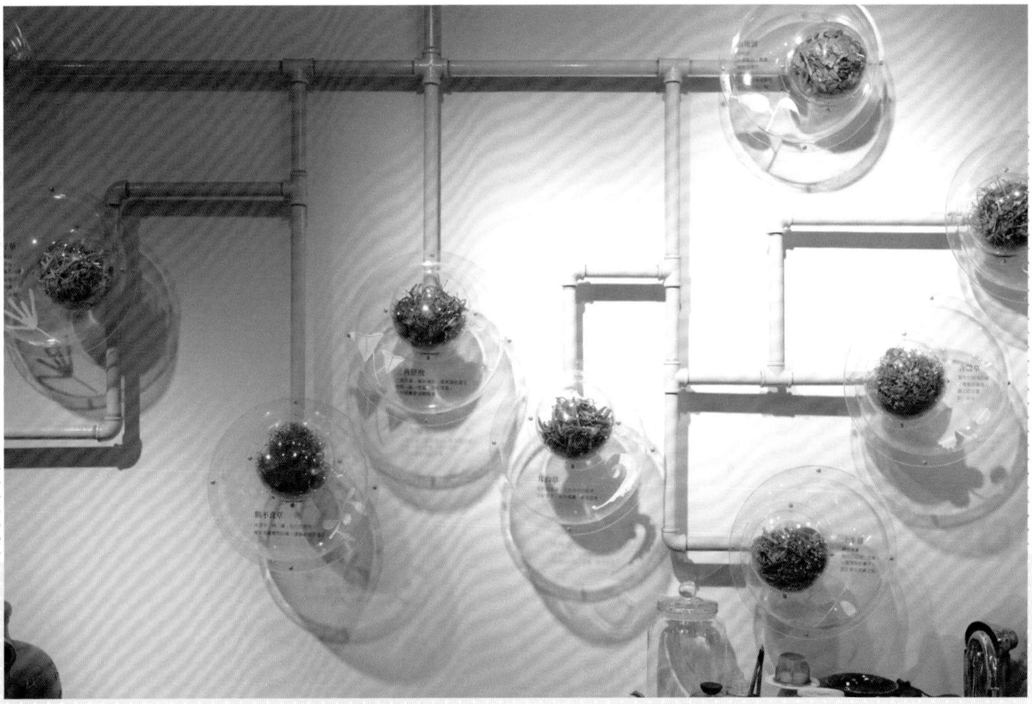

王柏諺把有故事的青草放在透明圓球裡當壁飾，同時也能吸引消費者注意，有教育功能。

曬乾的青草，由母親幫忙妝點倒掛，成為店內的美景。

最鼎盛的時候，台北的青草茶店，每兩家中就有一家的原料可能來自老濟安，隨著現代醫療系統的普及，「草」與「藥」之間分野越來越嚴格，加上手搖飲和便利商店的興起，飲料市場競爭更見激烈，但在新世代的加入下，老舖有了新風貌與新的機會。

（編註：1995年台灣開始全民健保），主流醫學轉向西醫，民眾看診的成本大幅降低，西藥的藥效、費用、信賴感都較傳統青草更具優勢，青草行面臨歇業或轉型成飲料店的轉捩點。

王爸爸說，這時屋漏偏逢連夜雨，又遇上葵可利、快可立、休閒小站等手搖飲料風潮崛起，加上便利商店罐裝飲料的普及，傳統青草茶和苦茶多少都帶些青澀草本植物的氣味或苦韻，與各種甜香誘人的飲料相比之下，怕苦的人越來越多，願意花上半天時間煮茶的人越來越少，讓青草茶的生意漸漸式微。

新一代接手，微整型再出發

因爲參加台北市商業處的老店改造計劃，王柏諺幾年前離開職場回家接手，面對已經衰退20年的青草產業，試著做出不同的定位。傳統觀念把青草視爲「藥」，王柏諺卻將青草定義爲「療癒茶飲」，一種可以經常喝、放鬆身心的日常飲品；因爲夠日常，才能讓青草重新回到大眾的生活習慣裡。

以前的人認爲有療效最重要，不在意口味好不好，但時代變了觀念也須隨之翻新，柏諺和爸爸著手調整青草茶配方，降低苦味、推出方便沖泡的茶包、設計一套完整的手沖茶示範，讓年輕人產生興趣願意走進來，喝完茶後也能夠實際感受身心鬆弛的效果。

在兩代交棒的轉型過程中，最容易出現觀念的摩擦，王柏諺說：「要留出長輩熟悉的工作空間」、「可以創新但不要全盤抹去」。因此，他在重新改裝時，貼心地將店鋪後場保留給爸爸，老客人推開門仍可以找王爸爸抓配方，新客人則會跟他在前面喝茶、說青草的療癒效果，老幹新枝，在老濟安的兩代之間，我們看見了傳統青草店的春天。

1

1. 為了方便現代人需求，不少青草茶舖都推出沖泡茶包，同樣也有紓緩療癒效果。2. 改頭換面的新空間。

2

老濟安的療癒配方

今天適合喝哪款茶呢？

文／石傑方　攝／王正毅

青草不只退火，還有很多不同的保健效果。常用的青草種類數百種，有的消暑、有的健脾、有的保肝、有的通血路，如果只把它當作飲料攤裡的退火飲料，就太小看它了。

青草多妙用，青草攤也不斷的在進化，走趟萬華青草巷，攤子一字排開，幾十種飲料：夜貓子專用、退心火、強健支氣管的……應有盡有。不只風味不同，保健效果也各異，今天的你適合喝哪款茶呢？

SHOP INFO 老濟安

09:00-19:00（週日、週一公休）
02-2314-1878
台北市萬華區西昌街84號

烏蕨苦茶

常熬夜加班，想要退深層火氣

主要配方：積雪草、兔仔菜、穿心蓮

苦茶很苦，並非每個人都能欣然接受，此茶可以紓緩火氣大、容易燥熱、口乾舌燥長痘痘的現象，適合經常熬夜加班的勞心勞力上班族。

崗梅青草茶

生活太緊張，想紓緩腸胃不適

主要配方：仙草、野甘草、崗梅根

大熱天容易感覺頭昏腦脹，推薦來杯青草茶，除了消暑解熱，也可以照顧腸胃，減緩腹瀉的不適感。

去油存菁茶

照顧好外食的自己

主要配方：芭樂葉、荷葉、草決明

別誤會，這可不是減肥茶，主要是照顧經常外食與熱愛高熱量美食的族群，去油解膩、幫助血脂代謝。若想減肥，還是要多運動才行。

元氣百倍茶

不愛吃苦，想漸進式的慢慢退火氣

主要配方：茵陳蒿、白鶴靈芝、水丁香

效果和苦茶類似，但完全選用不苦的青草配方，喝一杯暖暖胸潤潤胃，適合長期熬夜爆肝又不敢喝苦茶的人。

地錦板藍茶

常呼吸過敏者專用

主要配方：琵琶葉、金銀花、桑樹

呼吸道過敏是許多人的文明病，每天起床感覺鼻子癢癢時喝一杯，為新的一天做好萬全準備。

神清氣爽茶

精神壓力大，放鬆總是緊張的肩頸

主要配方：魚腥草、刺蔥、金錢薄荷

現代人精神壓力大，又常低頭滑手機，很容易肩頸緊繃疲勞，神清氣爽茶可以幫助放鬆紓壓，睡前一杯，溫暖舒雅的香氣讓人更容易入睡。

結合青草與園藝治療

草盛園—建興青草店

說起建興青草店主理人翁義成，許多人都會喊他一聲老師，多年來致力於青草推廣教學，桃李滿天下。從小就跟著父親採草藥的翁義成，把青草說得簡單易懂，比如煮桑葉茶可以增強抵抗力，他會開玩笑地說：你有看過蠶寶寶感冒嗎？談起青草界使用量極高的魚腥草，他從日本人稱其爲十藥（代表功效很多）開始談起，講到台灣人熟悉的仙草，他會告訴你怎麼區分進口跟本土？進口的要運輸，爲了不佔空間，會把仙草壓得緊實，台灣則會綁得鬆鬆的，讓人一下子就記住。

從事台灣本土青草行業三十餘年，身爲青草巷老店第二代，近幾年和園藝治療師黃盛璘合作，將本土草藥和園藝治療結合，希望以植物爲媒介，療癒現代人的身心靈，甚至延緩老年人的失智症狀。

店舖以販賣退火茶、青草茶、苦茶、茅根草等茶飲爲主，另也有乾燥青草與調配好的茶包，其中翁義成自己出版的《台灣本土青草實用解說》，收錄了台灣常見的432種藥用植物，是店內的長銷商品。

SHOP INFO 草盛園－建興青草店

09:00-19:00
02-2557-5550
台北市大同區萬全街12號（近捷運雙連站2號出口）

翁義成的青草好書

《台灣本土青草實用解說》
翁義成出版

《家有青草藥超養生》
麥浩斯出版

文／馮忠恬　照片提供／草盛園

INNOVATIVE TEA SHOP

在五穀先帝旁的野草小舖

三玉號

當餐旅系女孩碰上昆蟲系男孩，便長出了像三玉號這樣的可愛小店。周依靜與姐姐周培懿改裝家裡的老雜貨店，將野草生活延伸，開展出現代版的青草茶店，並找來長期研究昆蟲、野菜、近幾年也把觸角延伸到青草藥的蘇立中，行銷、選品、煮茶各有人負責，緊鄰著天母三玉宮，青草和五穀先帝的結合，企圖把老祖先的智慧，以新的語彙表現出來。

蘇立中說，青草和農業生活息息相關，這些田邊野草，是從前醫療不發達年代時的紓緩良藥，三玉號希望從一杯樸實的野草茶開始，串聯推廣在地的野草文化，其logo便是台灣原生種青草黃花蜜菜的葉子，黃花蜜菜不僅是蜜源植物、也是台灣重要的民俗植物與青草茶的主要配方，店內目前販賣苦茶、野草茶（青草茶）、洛神花茶與洛神氣泡飲，並有很好的食物選品，未來也希望能舉辦各種野草活動，深入社區在地肌理。

1

2

1. 三玉號的洛神花茶與氣泡飲是以台東自然栽培的無毒洛神花乾煮成，選用台灣洛神足足比進口的價高3-5倍。**2.** 苦茶很容易入口，內有9種材料。

SHOP INFO 三玉號

週二到週四 10:00-17:00
週五到週日 11:00-19:00（周一公休）
0933-418-682
台北市士林區中山北路6段820號

文／馮忠恬　照片提供／三玉號

PART FOUR 1

跟著青草生活家學

日常裡的多元應用

文／馮忠恬　攝影／DingDong 叮咚

想到青草，只有想到青草茶嗎？
那些根植於台灣的土生土長植物，
除了煮茶外，還有很多種用法。

土地沒有分別心，青草的使用也不是老一輩的事，
只要打開眼界，好玩的事就會慢慢出現，
青草不只保健、和土地產生相應，而且還很美麗。

PROFILE **李明峰 青草生活家**

台大園藝系畢業，喜歡植物與食物，且總是走在浪潮之前。當本土食材在咖啡館還不普遍時，成立了「hi, 日楞 Ryou Caf'e」，把在地食材帶入咖啡館餐桌，引起眾多媒體報導；其後又以生活草茶為概念，轉型為「野事草店」，開設台灣難得一見的草本植物茶館；2019年下半，人生又開展出大冒險，把基地從台北浦城街拉到九份，期待更多與自然、土地、文化的驚喜交流。

青草可以這樣用

1 如果來不及曬乾，拿新鮮的來煮茶也很好

菊科植物，唇型科植物，通常都會有很好的芳香味，光以手拿取，就香香的了。還有許多有不同氣味與功效的植物，曬乾會濃縮味道，來不及曬乾，直接煮也有滋味。

2 做成藥草球熱敷，放鬆身體與筋骨

取法泰式藥草球按摩，取曬乾的薑黃、薑片、艾草、香茅、樟樹葉、月桃頭、大風草，包在乾淨的棉布裡（根莖植物放中間，按摩時才不會刺激到皮膚），每個人都可以發揮創意，放入自己喜歡的香氣。

3 以乾青草燻香 或綁成藥草煙燻棒

氣味會改變空間的氣氛、磁場與能量，肖楠、菸葉、埔姜都有獨特的味道。或每年端午前後，路邊很常見野生艾草，採回來紮實地以棉線綁緊，拿到太陽底下曬至全乾，也可點來燻香。

4 跟原住民學，麵包樹的雄花曬乾當蚊香

屬於桑科植物的麵包樹，樹根可用來煮茶或燉湯，果實則是原住民煮湯的重要食材，肉色黃色帶粉紅，外觀像鳳梨吃來卻有花生的滋味。有意思的是，原住民會拿雄花曬乾後當成蚊香點，可驅除蚊蟲。

5 倒掛乾燥，成爲漂亮的植栽裝飾

為了煮茶或料理，通常青草採下後，會剪枝、去葉後曬乾。但其實整支倒掛曬乾方便又好看，不一定要去花市或花店買，身邊有的青草整齊綁好等待時間，就成一束美麗的乾燥植物。

來當一天採草人

連續幾日的陰雨，終於放晴，剛好是整理家務，曬棉被的好日子，但對於喜歡植物的李明峰來說，這天可以曬草、採集、整理青草，把手和家都染得香香的。

跟著一同走到蟾蜍山公園，我們眼中的雜草，李明峰眼中的青草，全都茂盛的伸出手來打招呼。青葙、艾草、接骨木、咸豐草、薄荷、桑葉、無根草、串鼻龍，一一被辨識出來。「這些都可以拿回家煮茶或有不同的用處」，李明峰溫柔地說。被大自然包圍的他，像個孩子，眼睛發亮，不時傻笑，原以爲在採集，採著採著，就順道替樹木剪枝了起來，李明峰說：「現在我們把它弄漂亮，以後才有好的葉子可以採。」喜歡植物的人，很知道如何與自然共處，除了拿取外，也懂得回饋。

大學念園藝系，自小就喜歡植物的李明峰，在台北公館蟾蜍山的一間老屋裡，實踐他的自然生活。跟著走一遭，發現一點也不麻煩，來到公園不過1小時，就收集了好多野生青草回來，差別僅在於「識得」的能力，我們有沒有那雙可以辨識的眼睛？

時間
2019年6月20日
氣候
天氣晴
地點
台北公館蟾蜍山

知道這些是什麼嗎？

1
艾草

科別：菊科
應用：泡茶、做艾草粿、苦茶油煎蛋、香包、藥草包等。

2
有骨消

科別：忍冬科／五福花科
應用：接骨木屬，蝴蝶的蜜源植物，根可泡澡，葉與花明峰會用來煮茶。

3
無根草

（菟絲草）
科別：旋花科
應用：煮水喝，新鮮或曬乾皆可。

4
青葙

科別：莧科
應用：煮水喝，對眼睛很好。

5
薄荷

科別：唇型科
應用：煮茶，因含揮發性精油，最後再下即可，可消暑健脾胃。

6
串鼻龍

科別：毛茛科
應用：煮茶喝，也可用於藥浴裡。

整理青草是明峰很喜歡的時刻，
透過重複的剪去老葉、傷葉、切碎、剪碎，
帶來一種安靜的穩定感。

使用青草，不只是因為療效，而是一種享受慢活，感應大自然節奏的能力

和傳統青草以療效爲主的使用態度不同，對李明峰來說，青草是大自然的一部分，是讓他可以在城市裡，跟土地共生氣息，接應的開關。與其說他喜歡青草，不如說他喜歡的是把自然引進生活的感覺。

他不只玩青草，之前也養峰，在意每個陰晴圓缺。先前在自己開設的青草茶店—野事草店裡（已歇業），還特地替客人調配專屬草茶。以牛蒡、紫錐花、桑葉爲骨架，再根據每個人想要的感受添加刺五加、咸豐草等，不強調薄荷芳香健脾、魚腥草清熱解毒等單一的對應，而是以系統性的感受爲主，「我的身體和咸豐草的關係，一定和你的不同，我希望每個人自己去體驗。」李明峰緩緩道來。

他教我們用最直接的方式感受青草：拿起來摸摸、聞聞、甚至剝下一點點來吃，青草不再只是「青草茶」的模糊單一概念，每個都有它自己的長相氣味模樣。

聊著聊著，時間彷彿慢了下來。不需遠行，我們在台北的黃金地段，喝著草茶、手握熱呼呼的藥草包，聞著燻香，找到與大自然共處的自在。

日常裡，有植物、養隻喜歡的貓，偶爾自己煮茶，便構成了完滿的生活。

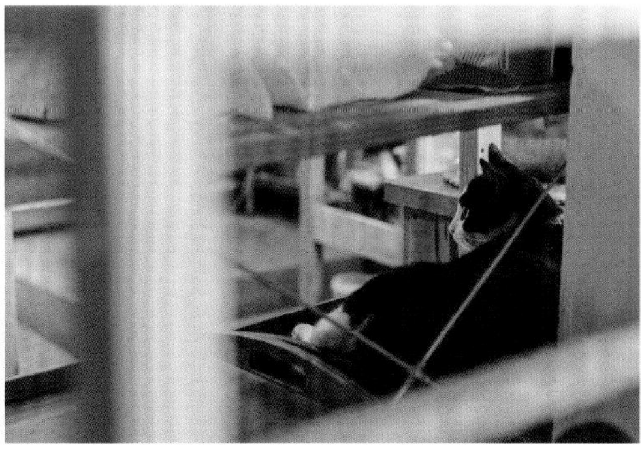

材料

薑黃、薑片、艾草、香茅、樟樹葉、月桃頭、大風草，或其他喜歡味道的青草植物，放入棉布，以棉線紮成小包子樣。

關於藥草球，我們還想告訴你的事

深呼吸，感受身體哪邊緊緊的需要放鬆，
透過青草的氣味，「有意識」的紓緩、理解自己。

藥草球該怎麼用？

把藥草球浸入熱水，讓他充分浸濕，為加熱做準備。

放入電鍋蒸10-15分鐘（可同時熱兩球，如此一球涼了另一球可替換使用）。

時間到了，把球取出（若太燙可用布包起）。

在酸痛或疲勞處輕輕按壓，可迅速放鬆身體。

Q 使用青草，一定要自己採集嗎？

A 明峰：我也不是什麼都自己採，擔心還不夠認識植物的話，很多草藥行、青草店都有賣原料，直接跟他們買來用也很好！

POINT!

藥草球的尺寸怎麼設計？

根據使用者的手掌調整，約略是手掌剛好可以包覆的大小。若想用來熱敷在如腹部等大範圍處，則可另外依照需求設計較大的尺寸。

POINT!

藥草球的保存？

掛起風乾，直到下次使用，一個藥草包約可使用3-4次，直到沒有氣味為止。也可使用完後直接以保鮮膜包覆放入冰箱冷藏，待下次使用再加熱即可。

PART FOUR 2

青草實驗室 ①

王嘉平主廚的台版青草利口酒

文／馮忠恬　攝影／王正毅

義大利人習慣在餐前飯後來杯
Amaro（綜合草本香甜酒），
每個區域都有自己的草本植物，
造就出不同風味，
台灣能不能也有自己的草本香甜酒呢？

中藥西吃，良藥利口，
名揚四海威震天下

PROFILE 王嘉平 J-Ping

義大利官方組織唯一認證的台籍義大利主廚，即使在小小的招牌上，也願意浪漫的寫著：相信，真的有人在乎義大利麵。十餘年來，每年到義大利3-4次，持續不間斷的，學習道地的精神與溫度，致力於在台灣推廣傳統義大利料理，目前為Solo Pasta、K2小蝸牛、J-Ping義大利餐廳創辦人兼主廚。

果然前輩子是義大利人。談到青草植物，王嘉平第一個想到的就是Amaro—一種和義大利人日常密不可分的草本植物酒。各區域都有土生土長植物，佛羅倫斯、威尼斯、托斯卡尼，全有自己的Amaro品牌，王嘉平說：「藥草酒是屬於地方性的，我很樂意做台灣版本。」一切便這樣展開。

他先是查資料，了解不同植物的萃取原理（精油油脂高的要用95%的高濃度酒精，青草屬水溶性，用50%即可），接著到萬華青草巷買了複方青草與單方仙草，王嘉平說：「我覺得人們對仙草會聯想到比較多的甜味，Amaro是喝甜的，我們來試兩種版本。」

經過一番討論，決定以義大利做Amaro慣常的「酒萃」（把青草丟進酒裡浸泡），以及台灣人平常愛用的「水萃」（先煮成青草汁後再與酒混合），加上原本的兩種原料—青草與仙草，一共做出四個版本。

不用儀器，直接以數學算出想要的酒精濃度與容重比例，預備調配出酒精濃度29.6%的Amaro。

和台灣傳統補藥酒把藥材放入酒精，靜置待藥效香氣釋出後直接純飲或入料理不同，Amaro會加糖水勾兌，調成香甜好入口的餐前／餐後酒。以Amaro概念做好的台灣版青草酒，好玩極了！甜甜的喝來很順口，且有種親切的熟悉感（像液態燒仙草），特別央請主廚把調製好的配方釋出，不過每個人都可以根據喜歡的風味微調，找出酒精感、甜度與香氣間的平衡。

台灣不同區域都有屬於自己的青草配方（北部青草巷跟中部賣的品項便不同），對青草的認識，從甜甜的酒開始，一起來玩！

1. 喝Amaro是很輕鬆自在的事。**2.** 王嘉平從各地搜羅而來的草本利口酒。**3.** 以小火燜煮1小時的青草茶。

你需要準備這些

1 乾燥青草

可去青草攤買已經搭配好的單方或複方。

2 食用酒精

這裡用的是酒精濃度96%的波蘭生命之水。

3 糖水

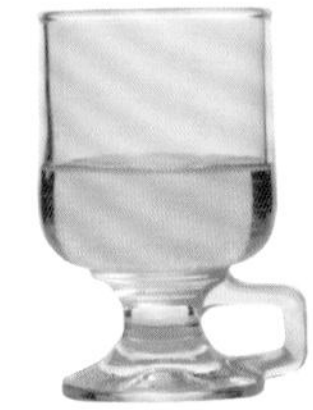

酒萃的青草／仙草酒

青草屬水溶性，
以50%的食用酒精萃取即可。
以酒萃做的台版Amaro，加上冰塊純飲，
喝來像是冰的燒仙草，青草的味道很集中突出。

水萃的青草／仙草酒

水溶性的青草經過一小時的熬煮，
釋放出更多的香氛物質與膠質，
味道較酒萃來的更濃郁有台味。

酒萃法

有點類似台灣補藥酒的作法，將青草放入酒精裡讓香氣物質釋出。

先把96%的酒精濃度調整成50%

若不想要此步驟，也可用40%的伏特加，但製作出的酒精濃度會較低。

材料
波蘭生命之水200g
白開水238g

先倒入96%的生命之水。

倒入白開水，調整成50%的酒精濃度。

準備浸泡

材料
視要做的份量，放入酒精重量1/10到1/12的青草。

青草略微洗過烘乾。

倒入調整好的50%酒精。

每天早晚各搖晃一次，幫助香氣釋出。

可用鋁箔紙包起，放陰涼處，盡量不見光。

浸泡兩個禮拜即可(別忘了寫上日期)。此時做好的青草原酒可作為調酒用的苦精Bitter。

要飲用時勾兌

材料
白糖80g
熱水43g
做好的青草原酒145g

1
在鋼盆內加入白糖。

2
倒入熱水。

3
熱水能讓糖跟水充分溶解。

4
將糖水倒入瓶內。

5
倒入浸泡好的青草原酒(為避免青草雜質跑入,可用咖啡濾紙或紗布過濾)。

6
勾兌完成!因為比重關係,分為兩層,要喝時充分搖晃即可。也可做好放置一個月後再喝,風味更佳。

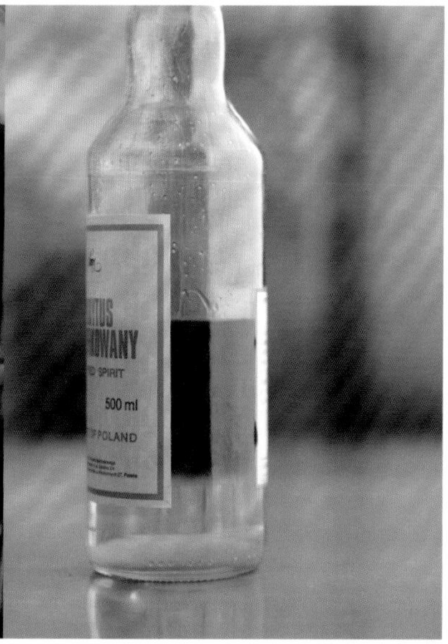

青草利口酒

AMARO

水萃法

先煮成青草茶，再來跟食用酒精與糖水勾兌。

材料

- 青草／仙草150g
- 白開水1L
- 糖80g
- 煮好的青草／仙草茶120g
- 波蘭生命之水68g

1

先煮青草／仙草茶（一公升水煮150克，開小火燜煮一小時。）

2

過濾青草茶（可多過濾幾次，較不易混濁）。

3

加入糖80克。

4

加入青草汁120克

5

青草汁跟糖攪拌均勻，倒入瓶中。

6

在**5**的青草汁裡面倒入96%的生命之水

7

充分搖晃即完成！建議放置一個月後風味更佳。

我的AMARO生活

Amaro是義大利人生活裡不可或缺的一部分，有個佛羅倫斯180年的藥房老奶奶秘方，還以胭脂蟲來染色。我每到一個地方都會喜歡買當地的草本香甜酒回來，各地不同的青草利口酒多以糖水勾兑，酒精濃度因各地的風土而異，介於16%到42%之間，調製時最重要的是「酒精感」、「甜度」跟「香氣」間的平衡，在做台灣版時，我特別把容量轉換成重量（方便讀者使用），但其實做Amaro不用太拘泥，只要掌握幾個基本原則：

1 使用中性風味的食用酒精

比如高粱酒這種
太有自我特色的酒便不適合

2 調出喜歡的甜度與酒精濃度

覺得酒精太濃就加水
或青草茶來稀釋

3 選喜歡的青草風味

去從小喝到大的青草行買

照著上面的步驟，
每個人都可以有自己的祖傳秘方。

青草實驗室 ②

以台版AMARO做調酒！

文／馮忠恬　攝影／王正毅　設計示範／周孟竹Michael

在Mixology的調酒風潮裡，本就很常以Amaro爲素材，其中最爲人熟知的便是CAMPARI（金巴利）。不過這次我們將以台版青草利口酒爲主角，特別邀請Bartender試試王嘉平主廚做的水萃與酒萃風味後，設計出三款不同的調酒來。

既然是以台版Amaro爲主體，周孟竹便以東方元素爲發想，捨棄掉平常在酒吧常用的技巧與道具，以生活中容易取得的原料與簡明步驟（甚至連shake都不用），讓每個人在家都可以自己玩。過程簡單，風味卻依舊豐富有層次。

PROFILE 周孟竹 Michael

從大學起便在服務業打工，曾任職Woolloomooloo調酒師與咖啡師、貓下去敦北俱樂部調酒師，現在多家酒吧幫忙，同時為著去法國酒廠工作而準備。

我很喜歡嘉平老師做的這兩款酒，跟我們平常在酒吧用的Amaro完全不同。酒萃像仙草蜜，整個甜點集中突出，酒感明顯，在設計上我會想要加入一點苦的元素，以苦味來做後味的餘韻；水萃的香甜感更明顯了些，如果不說，會以為在喝青草糖漿或加糖青草茶，因此我以氣泡水去拉開它的風味帶，想讓整體再清爽些。

我的台版AMARO 品嚐筆記

酒萃台版AMARO

水萃台版AMARO

第一杯

不只是沙士

義大利有款苦味的利口酒Fernet-Branca，加入可樂後因其焦糖氣息，共鳴出很好的酸甜苦感，因此我讓CAMPARI和台版青草利口酒結合，並加入台灣人熟悉的加鹽沙士。

第二杯

青草茶版 MOJITO

這杯想讓它fresh一點，直接以做青草茶酒的調酒概念來發想。台灣人煮青草茶的幾個元素：複方青草、薄荷、冰糖／蔗糖，加起來怎麼會這麼像Mojito！

第三杯

向嘉平主廚致敬 NEGRONI

對於高階或深度的品飲者來說，想知道一位Bartender的品味，就一定要試試他的Negroni。當喝到台版Amaro集中的青草味及親切的熟悉感，第一個蹦出的念頭就是做支好喝的Negroni，也向製酒者王嘉平致敬。

第一杯 不只是沙士

材料

- 酒萃台版Amaro 1.5oz（45cc）
- 金巴利0.5oz（15cc）
- 加鹽沙士1oz（30cc）
- 氣泡水1oz（30cc）
- 檸檬角1個
- 檸檬片1片
- 海鹽適量

CAMPARI加上台版Amaro，由於希望後味能有鹹味與酸味支撐，特別放了鹽巴與檸檬。CAMPARI的苦味撐起了整個body，讓整杯調酒耐喝有餘韻。

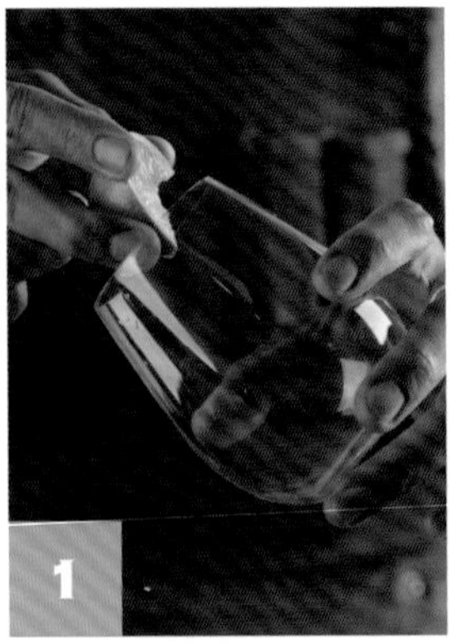

1 稍微擠一下檸檬角汁，擠完後將檸檬角放入杯中（保留皮油香氣）。

2 倒入台版Amaro。

3 倒入金巴利。

4 放入冰塊後攪拌均勻。

5 倒入沙士。

6 倒入氣泡水。

7 放上一片檸檬片。

8 在冰塊上灑一點鹽。

MUST KNOW

堆疊後段風味的祕密武器

隨著冰塊的稀釋，為了要能替這款酒持續注入風味而不平淡，特別放入檸檬角，讓檸檬的酸與精油香氣能慢慢釋放，補足後段風味；鹽巴請一定要灑在冰塊上，除了為後段添加鹹味外，也能減緩冰塊的融化速度。

海鹽與檸檬

第二杯
青草茶版 MOJITO

融合了煮青草茶時的元素，以萊姆酒補足蔗糖香氣，用氣泡水拉開Amaro香甜感風味帶。

材料

- 水萃台版Amaro 1oz（30cc）
- 浸泡過薄荷的萊姆酒Rum 1oz（30cc）
- 氣泡水3oz（90cc）
- 新鮮薄荷葉
- 黃檸檬角1個
- 冰糖適量

將3-4小把新鮮的薄荷葉放入杯中。

擠一點黃檸檬角汁增加酸度，擠完後放入杯中（讓精油香氣慢慢於酒體內釋放）。

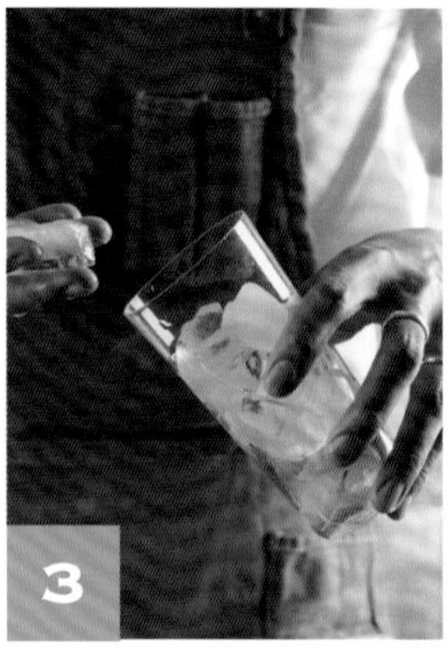

擺入八分滿冰塊。

倒入水萃台版Amaro。

倒入萊姆酒。

POINT

為增添萊姆酒的涼感，可將新鮮薄荷放入浸泡冷藏一晚。這裡用的比例是200cc萊姆酒泡10g的新鮮薄荷葉。

連著冰塊一同攪拌均勻。

放入一小撮冰糖。

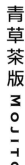

POINT
為使薄荷精油味更釋放，擺上前，可先以手指輕壓稍微破壞組織（但不影響外觀後）再放上。

9
最後再攪拌一下，放上薄荷葉。

8
加上氣泡水。

POINT
市面上很多氣泡水都加有「難消化麥芽糊精」，以這種氣泡水來做反而會讓酒體變胖，喝了不舒服，因此可特別看標示，選用最單純的氣泡水，添加氣泡水的目的通常都是要拉開某些味道，而非讓整個酒體厚實。

第三杯 向王嘉平主廚致敬的 NEGRONI

看似容易的配方，但選用什麼樣的琴酒？哪一個牌子的甜香艾酒？有沒有調整過比例？要讓苦味重一點還是甜感濃縮些？中間的拿捏攸關著Bartender對風味的sense。嘉平主廚做出很好的台版Amaro，一定要調配出好喝的Negroni才不枉費。

材料

- 琴酒1oz（30 cc）
- 金巴利0.75oz（22.5cc）
- 酒萃台版Amaro 0.75oz（22.5cc）
- 蘇打水0.5oz（15cc）
- 香吉士適量

將琴酒倒入冰鎮過並裝有大冰塊的攪拌杯中，先釋放琴酒的香氣。

接著倒入金巴利。

倒入酒萃的台版青草利口酒。

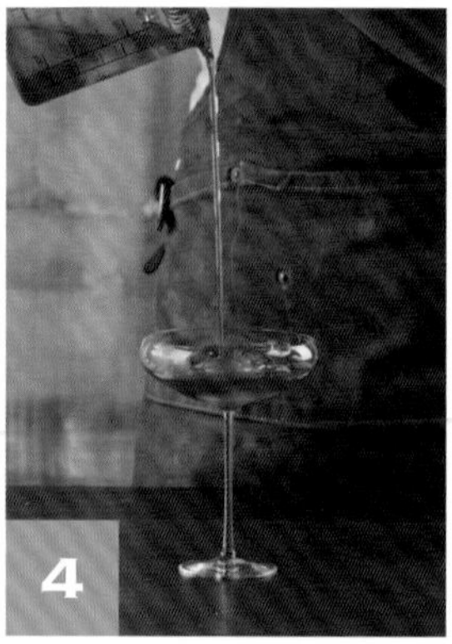

攪拌均勻後，倒入杯中。

加入氣泡水。

擠上一點香吉士汁。

最後放入一片香吉士做為裝飾，也讓精油氣息慢慢釋放。

MUST KNOW

Roku六琴酒

特別選用日系琴酒，除了呼應青草的東方元素外，這支琴酒內含的櫻花、櫻葉、煎茶、玉露、柚子、山椒風味，也讓整體味覺更有層次。

金巴利

起源於義大利，以藥草和水果浸製出的草藥酒，內有多種不能說的秘方，是世界知名品牌，鮮紅色是其重要特色，過去是以胭脂蟲染色，2006年後改變染色原料，味道帶有苦甜感，尤其是苦味非常深邃迷人，是許多重度調酒迷喜歡的風味，同時也是不少經典調酒裡的必備材料。

Taiwanese Herbal Tea Shops and Me

小吃大餐

NO.26

一輩子退火的我與青草店

台灣賣青草的店鋪有兩大類，先說「青草茶舖」。這種茶舖單純只販賣煮好且冷藏的茶水，不賣藥草。我因爲住在台北士林區，時常來士林夜市散步，靠近慈誠宮附近就有一間老店「王記青草茶舖」，開業至今已經營到第三代。招牌上寫滿眾多茶水名稱，其中最多人點的就是標榜「純濃厚」的青草茶。王記這味青草茶選用仙草乾、黃花蜜菜、鳳尾草加上薄荷等多種藥草，熬煮出來的茶水甘醇可口，帶著一股清香入喉，像是在喝冰涼的薄荷茶。尤其夏季來上一杯，特別解暑。店開在夜市裡，每天都能見到眾多年輕人與觀光客排隊買茶，算是台北的青草茶舖中受歡迎的。怕吃苦又想降火氣時，我會點一杯「**苦茶**」**加**「**青草茶**」，用青草茶的甘甜降低苦茶的苦味。有時也會外帶一罐大瓶的青草茶回家放冰箱，當消暑飲料喝上幾天，比喝含糖飲料健康多了。

另一種稱爲「青草店」，人站在門口就可以見到店內放著大批乾濕藥草，除了賣煮好的青草茶，還提供青草藥材讓你帶回

Hally Chen

長年專事唱片美術設計，熱衷左手做設計執畫筆、右手拿相機寫文章，同時以兩種眼光看待生活日常。著有《遙遠的冰果室》、《人情咖啡店》、《喫茶萬歲》。

王記青草茶舖
台北市士林區大南路44號

下左圖：王記的青草茶有販賣大瓶裝，是我家冰箱夏季常備良品。

Taiwanese Herbal Tea Shops and Me

小吃大餐

NO.26

家熬煮，也賣針對生瘡流膿、跌打損傷的外敷草藥。萬華龍山寺附近的西昌街224巷，被稱爲「青草巷」，就是這類青草店的集中地，這兩年因應需求，這裡的店家開始提供藥草宅配服務。在巷口一整排的老店中，1898年的德安青草店可說是老店中的老店，原本在青草巷底的老舖，第三代簡老闆一年前在巷口的大路上又開了另一間茶水舖，除了包裝好的乾料，還有茶水攤。攤上寫著眾多草茶的名稱，各個充滿奇幻感，像是「釘地蜈蚣加味飲」、「人蔘首烏地王飲」、「左手香汁」等。

其中一味「**加味蒲公英汁**」，據說是清熱解毒、天然的消炎聖品，退火效果比苦茶還要強。附近的長者只要是牙齦痛、喉嚨痛，都會來此喝這一味。這加味蒲公英汁利用蒲公英洗淨後瀝乾，不加水直接榨出的翠綠色原汁，由於取之不易，一杯百元。點這一味來喝，記得要一口飲盡，然後含一顆店家提供的仙楂片解苦。千萬別像我第一次喝時，傻傻地用吸管慢慢吸。這玩意兒苦的程度，比苦茶還要苦上好幾倍，苦到我當下痛哭流涕，直到當晚睡前，隱隱的苦味仍在喉頭揮之不去。

德安茶水舖
台北市萬華區西昌街220號

上左圖：德安青草店在青草巷口新設的店面；上中圖：加味蒲公英汁呈綠色，滋味比苦瓜還苦。
下左圖：俗稱青草巷的西昌街224巷內，德安的老店就開在巷底。

青草店和我的人生，從童年就結下了不解之緣。按照台灣人老一輩的習慣，如果小孩出麻疹或長水痘，就得去青草店買白茅根回來，和甘蔗頭一起煮給小孩喝，有退火和去熱作用。根據母親的說法，我出麻疹時才兩歲，當時母親仍跟公婆住，她照著外婆的交代去青草店買了甘蔗頭和茅草根回來煮，結果被祖母看見，嫌來自宜蘭的母親太迷信沒知識，把整壺煮好的草茶全部倒掉。不知道是否因此，自小有意識以來，我的舌苔無論怎麼刷都是白色，三兄弟中只有我如此，而且時常感到燥熱，如果喝了麻油雞之類上火的食物，便會喉痛，甚至流鼻血。給幾位中醫看過，都說是體質虛熱，不宜吃補，一輩子都受退火所苦。

可能受此影響，長大後經過青草茶舖，我都會掏出口袋裡的銅板，停下來喝杯涼茶再走。像是迪化街永樂市場旁的「姚德和青草號」，他們的**茅根茶**就很好喝。一九四六年開業的老舖，今日由第三代經營，老舖幾年前從裡到外重新整修裝潢，新舊融合的風景剛好迎合當地這幾年大量湧進的觀光客。店家告訴我，現在台北街頭的甘蔗攤已不多見，許多人更以甘蔗糖取代。店裡包括白茅根等青草料，包裝都

姚德和青草號
台北市大同區民樂街55號

上左圖：姚德和販賣的白茅

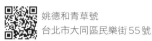

Taiwanese Herbal Tea Shops and Me

小吃大餐

NO.26

顯精美，就算買來送外國友人也不漏氣。

在台北這麼多青草茶鋪中，應該就屬寧夏夜市口一攤寫著「最老牌苦茶」的青草茶攤我喝得最久。記憶中二十年前、仍是上一代老闆站攤就喝到現在。當時年輕的我騎機車太衝，時常摔車「搓草」，下班時去保安街口的林金獅國術館貼藥，就會順道來這攤喝杯青草茶。我固定指名喝的是**「地骨露」加「六一散」**，地骨露是枸杞根部的外皮，民間認爲能清熱利尿和降火氣，有些店家還會加上多種青草一起熬製，至於六一散，成分爲6：1的滑石粉和甘草，也有清暑利濕，解熱利尿的用意。

早期這攤「最老牌」的地骨露會用回收的玻璃瓶，分裝放在攤上的冰箱裡，攤主有一個茶壺裝著蜂蜜水，另一個鋼杯裝著六一散。只要有人點這味，他就會先用長匙舀六一散入一只調杯，接著倒進蜂蜜水調味，最後再將調杯倒入玻璃瓶裡和地骨露混合。客人們人手一瓶插著吸管，就站在攤位旁，喝完交返瓶子才離開。後來因爲此地觀光客暴增，今日已經改成直接倒入塑膠杯裡調味後，讓客人帶著邊走邊喝。一群人拿著玻璃瓶圍著青草茶攤的畫面，只能從照片裡回味了。

寧夏夜市最老牌苦茶
寧夏夜市民生西路側入口處

上中圖：「最老牌」的調理檯，右側鋼杯裝著六一散，左側茶壺裝著蜂蜜水。
下右圖：先把六一散舀進塑膠杯，倒入蜂蜜水；下中圖：再倒入地骨露調製。

日本人眼中的台灣食物

おいしい！我熱愛的常民美食

文字、攝影／安田夏樹　翻譯／張子萱

1

花蓮的最終兵器—炸彈蔥油餅

Shop info

黃車 炸彈蔥油餅

13:00-18:30
0931-121-661
花蓮市復興街102號

在花蓮第一次吃到炸蛋蔥油餅，至今還對那衝擊性的口感念念不忘。在路上發現很長的排隊人潮，仔細一看，職人老闆熟練地生產著一張又一張的蔥油餅，店員推薦我「蔥油餅加蛋」，想必點了就沒錯！

炸好的蔥油餅夾著炸好的蛋！食慾大開的我立刻咬了一大口，如同其名，炸蛋在口中爆開了……超級好吃！

Profile

安田夏樹

1975年出生的京都人，2014年9月因工派駐台灣，即將迎接第5年的台灣生活。熱愛這片土地及美食，已環島5圈（金門等離島也去過5次以上）。曾為了吃一碗25元的雞肉飯，付出2160元的高鐵直奔嘉義，自許為地下版的台日觀光大使。

2

基隆的台式天丼？？豬排丼？？

在基隆小巷子裡的人氣餐廳，店名很可愛叫做「天天鮮」，是個非常適合販賣炸物的名字。最推薦排骨蝦仁飯！在排骨、蝦仁、油炸荷包蛋下，是炒高麗菜跟榨菜組合而成的台式丼飯，根本是天丼或豬排丼的進化版！

在台灣發現了新型丼飯，對喜歡炸物的我來說，這碗飯根本是炸物遊樂園，沒想到基隆小巷子裡竟然有這麼厲害的店！

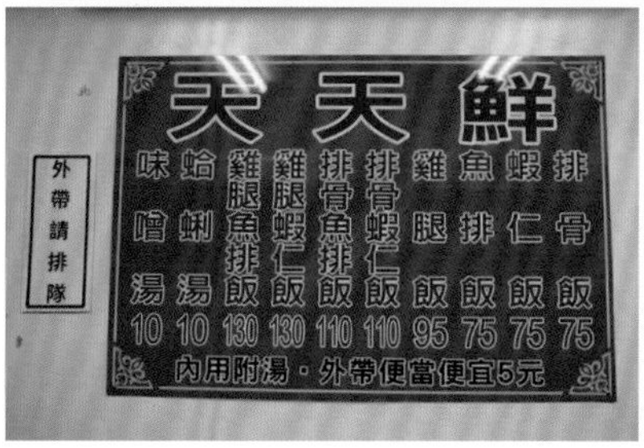

Shop info

天天鮮排骨飯

11:00-20:00
02-2425-2108
基隆市孝三路42巷4號

台南的台式 Chou à la crème泡芙

3

泡笑？泡芙？

在台灣也有正港的泡芙，搞不好比原產地法國還美味！而且一個只要30元。台灣泡芙雖然寫作「芙」，但是對我這個日本人來說，看起來也像「笑」，所以我擅自將泡芙命名為「泡笑」。

就像名字一般，如泡泡一樣輕輕的、吃起來口感非常柔軟，內餡則是阿嬤手作的卡士達醬，吃了泡芙絕對會不自覺地微笑。

Shop info

百珍麵包

09:00-21:00
06-222-3300
台南市西門路2段151號

Shop info

金門酒廠

每日營業時間不同，可先去電
082-325-628
金門縣金寧鄉桃園路一號

台灣離島金門是高粱酒的名產地，酒精濃度高達58%、可說是象徵台灣熱情的代表酒。把台灣名產高粱酒加在香草冰淇淋上，立刻有變身為高級蘭姆酒冰淇淋的錯覺！在日本推出一定會造成轟動，特別是女孩子應該會很喜歡。

在日本用餐結束前會吃「收尾拉麵」或「收尾聖代」，如果變成「收尾金門高粱ICE」，感覺也會大受歡迎呢！

4 台灣Style的蘭姆酒冰淇淋（但是沒有蘭姆）

5 老子的涼麵

步行在酷熱的台灣街頭，見到寫著「涼麵」的招牌，應該像是日本的冷麵吧？而且「涼」跟「冷」長這麼像，應該錯不了吧？就是那種放涼、冷卻冰鎮過的麵啊……

結果竟然是常溫麵加上芝麻醬、放上清爽的小黃瓜跟蒜泥，不愧是台灣人，平日中午竟然可以大口吃這種加了大量蒜頭的料理，冒著大蒜臭味也不害怕的強健心理素質……

每家店都稍有不同的辣油絕對是必加的，加太多汗流不停就是吃涼麵的醍醐味啊！

Shop info

俺老鄉涼麵

05:30-14:00（週日休息）
0911-655-824
台北市中山區民生東路二段147巷8號

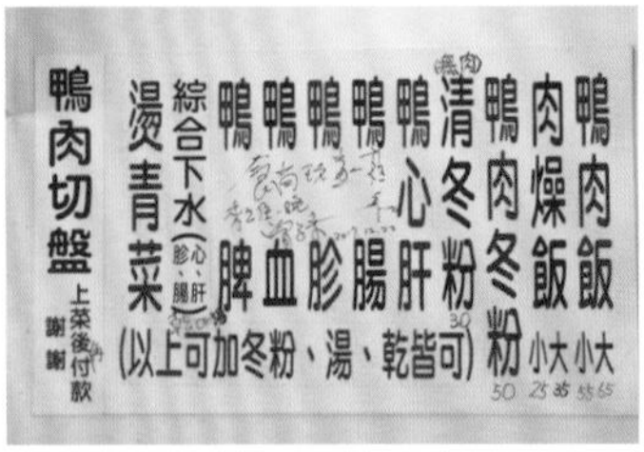

Shop info

鴨肉珍

10:00-20:20（週二休息）
07-521-5018
高雄市鹽埕區五福四路258號

6 高雄的鴨肉三件一組

在日本家禽類大都指雞肉，來台灣才第一次吃到鴨肉，肉質比起雞肉更有彈性，多汁美味。沒吃過的人生簡直太浪費了！從此鴨肉成為我最喜歡的食物之一。

綜合下水湯是加了鴨內臟的湯品，當初看到「下水」這個字眼嚇了一跳*，喝了之後發現是非常清爽的一款湯。最厲害的是完全沒有內臟腥味，根本是職人等級的處理手法。

來這裡一定要點鴨肉、鴨肉飯、綜合下水湯的三件一組才聰明。

*在日本下水道指的是污水排水管。

7

咖啡色魯肉飯誘惑～罪惡感之丼飯

台中第二市場是進行美食探險的好地方，外觀也好、口味也好，簡單就是第一原則。這間小吃攤從早晨開始營業到中午過後，當成早餐、午餐、點心都沒問題。

總是絡繹不絕的人潮，店員非常親切地幫我選了一塊美味滷肉。滷肉放上白飯的瞬間，對於美食的期待感就像慢動作一樣逐漸膨脹變大。光看色澤，便毫不猶豫地說出了「好吃！」。抱持著污染了白飯的罪惡感，我用60秒解決了這碗台式丼飯。

Shop info

山河魯肉飯

05:30-15:00（週三公休）
04-2220-6995
台中市中區公有第二零售市場

8

象徵夏日風情的「愛玉」

最近我個人迷上了「愛玉」。

超冰的檸檬汁跟黑糖蜜混著愛玉果凍，酸甜又滑溜的口感，啊，是青春的味道。

愛玉是台灣特有的植物果實所做成的果凍，不是寒天，是台灣才有的甜點，是在日本幾乎吃不到的台灣健康系甜品，非常受到日本女性的歡迎。

Shop info

湯老爺武廟愛玉

09:00-18:00
06-220-3808
台南市中西區永福路2段225號

藥舖時光

飄散著濃濃藥酒香的赤肉湯

文／馮忠恬 攝影／陳怡絜 採訪協力／博客來Okapi

記憶是生活的積累，當下的習以爲常，可能都是日後逝去的重要想念。一本《藥舖年代》，開啓了親子作者番紅花與烘焙達人陸莉莉的記憶之盒，書裡做給母親的肉骨茶、父親最愛的赤肉湯，像時光機，讓她們回到過去，番紅花說：「我讀肉骨茶那段很感動，有淚打轉。小時候我常幫媽媽去中藥行買東西，那時的中藥行眞的很重要。」陸莉莉也說：「赤肉湯是媽媽跟婆婆很常煮的湯，一個愛加九層塔，一個喜歡加薑絲，剛好是客家人與本省人。」兩個女人從原生家庭聊到婚後的持家，句句都是味道。

「結婚的時候，爸爸送給我一個桿麵棍，叫我要桿餃子皮、做麵條給先生小孩吃。」陸莉莉說起了她的「重要」嫁妝。婚後則承襲了婆婆留下來，從民國49年即建置完成的廚房：漂亮的木窗、不鏽鋼廚具、紅磚地板，在當時可是摩登得很呢！經過時間的洗練，陸莉莉也從不擅廚事的女孩長成煮得一手好菜的母親，兩個女人說好了，今天一人煮赤肉湯，一人熬肉骨茶，用老藥舖的配方來回味時光。

一本《藥舖年代》，兩個很會做菜的女人

因閱讀產生的共鳴，陸莉莉、番紅花決定要來試試書裡的食譜！
從採買、烹煮到品嚐，共渡了一段香氣四溢、溫暖迷人的時光。

番紅花

親子飲食作家，同時也是兩個孩子與一隻貓的母親。在意食材來源與社會正義，最近出版的《你可以跟孩子聊些什麼》，透過日常裡遇到的不同議題，聊出孩子的思辨與素養。生活以飲食、讀書、寫作為核心，近年並致力於推動「菜市場的文學課」，著有多本飲食、教養專書，熱愛文學、電影與走路。

陸莉莉

2006年開始在無名小站寫部落格，以家庭主婦的角色，分享手做麵包，是台灣第一批烘焙部落客。在那個麵包還有香精、不強調無添加的年代裡獲得很大的迴響，一路看著台灣烘焙業十多年來在技術、風味上的提升，是王鵬傑、陳耀訓等世界麵包冠軍背後的重要推手。很少站在台前，卻是烘焙餐飲產業裡的重要人物。

赤肉湯的精華，就在那封存多年的藥酒渣裡

赤肉湯是台灣的尋常湯品，豬肉切薄，入水或高湯煮滾後，灑點薑絲（講究點的還會滴幾滴藥酒），對一般家庭而言，首重選肉，是要梅花、胛心還是里肌？但對《藥舖年代》作者盧俊欽來說，要緊的是一定得擺上藥酒渣來熬煮。

泡製藥酒是昔時台灣人重要的養生保健，選定好藥材配方，以米酒入甕泡製，滋補藥酒有甜味，活血藥酒常苦澀，通常得等上一年半載，待所有藥材精華溶入酒裡始宣告完成。一般藥酒渣是不吃的，但對藥舖小孩來說，藥酒渣是擷取剩餘價值的好機會，擺進湯裡熬個5－10分鐘，湯中便帶著濃濃酒香，起鍋前再滴幾滴藥酒便完美了。

家裡沒有藥酒，陸莉莉商請藥舖大叔盧俊欽挖出家裡封存了二十多年的老藥酒出來，一開蓋，香氣撲鼻，盧俊欽提醒著：「別看好似沒有酒味，喝多還是會醉喔！」

1. 藥酒渣是藥舖裡煮赤肉湯的精華。**2.** 特別從《藥舖年代》作者盧俊欽家裡帶來的20多年老藥酒。

我們的故事，彼此的獨家配方

陸莉莉小心翼翼的取著藥酒，回憶起母親的小吃店生意。小時候家裡辛苦，母親開店補貼家用，赤肉湯是販賣的品項之一，每每只要客人點了，母親便會從冰箱取生肉切片，以煮麵的高湯煮沸調味上桌。陸莉莉最喜歡母親把熬高湯的骨頭肉剝下來給她吃的時刻，這是難得的吃肉機會，也是母女倆的小小默契。

融合了盧俊欽與己身的記憶，陸莉莉用大骨頭、雞爪熬了高湯，選用婆婆從前愛吃的小里肌，以及稍早買肉時攤販建議的二層肉，在高湯裡擺入藥渣熬煮，接著放肉煮沸，最後擺上媽媽喜歡的九層塔與婆婆愛的薑絲，一鍋自家味的赤肉湯便上桌。裡頭有閱讀的啓發、生活的記憶、菜市場的味道，簡單一碗赤肉湯，在高湯、藥酒渣、九層塔等辛香料的交疊下，豐富非常。

這是從彼此的生活裡交織出的嶄新味道，或許哪一年，當記憶又被拾起時，便會回味起這鍋湯，生命便在如此的日常裡，生出厚度。

我們都好喜歡。

時光裡的滋味

不用食譜裡的白開水，而是同開小吃店的母親般，以高湯煮赤肉湯。

苗栗客家人院子裡必有的九層塔，媽媽煮赤肉湯時都會摘幾片下來調味。

添了婆婆煮赤肉湯時，一定會加的薑絲。

陸莉莉的赤肉湯

材料

小里肌＋二層肉300g
藥酒渣適量（媽媽都是靠感覺的）
太白粉少許
薑絲、九層塔少許
鹽巴適量

作法

1. 小里肌肉切片，二層肉逆紋切。
2. 將豬肉片加入太白粉與鹽抓醃一下。
3. 起一鍋高湯，放入藥酒渣一同熬煮約10分鐘。
4. 放入作法2的肉片，煮沸。
5. 起鍋前擺入九層塔葉與鹽巴調味後，關火。
6. 盛起後擺上薑絲。

想看番紅花的肉骨茶記憶與配方嗎？

Okapi
番紅花的藥舖時光

相關閱讀

曾經，台灣人的生老病死都離不開中藥行。38篇人情故事X20道料理配方，回到藥舖的熱鬧年代。

怦然心動的麵包料理

Lesson 2

《フラワートルティーヤ》

墨西哥薄餅與他的搭配好朋友

夏天有夏天好吃的食物啊～

日本在度過五月大型連假黃金週後，瞬間感受到天空清亮湛藍且日曬漸長，夏天的腳步近了。

身上穿的衣服、心情都輕盈了起來，連帶著想吃的食物也跟著起了變化。

常聽人說夏天食慾不振，但我才和女兒聊起，我從來不曾有過這樣的困擾，夏天有著夏天才好吃的食物呀！日本四季分明，市場中的蔬菜、魚類等變化鮮明，多麼令人期待！

不單單侷限在日本的美味夏日料理，天氣熱時我想像著熱帶國家的人們都吃些什麼料理呢？轉身走入廚房。

在結束一天忙碌的工作後回到家中，思考著：「晚上煮點什麼好呢？」此時如果冰箱裡能有些事半功倍的方便食材會是多麼幸福的事。

前幾天我就做了這樣的東西。

翻譯／王雪雯　採訪協力／陸莉莉

夏日料理－冰箱常備菜

Columnist

德永久美子

橫濱市人氣麵包店『德多朗麵包店（Backerei TOKTARO）』主理人，身兼麵包店老闆、三個孩子母親，料理研究家等多重角色，料理經驗逾30年。擅長麵包與料理的搭配，常把平凡的食材組合出令人驚喜的味道。此專欄希望能帶給讀者更多風味上的想像與靈感，挑幾樣感興趣的，跟著做就對了！台灣翻譯作品有《愛上做麵包》（2002）、《麵包料理；77種令人怦然心動的麵包吃法！》（2014）。

綜合藥味（辛香料）

將茗荷、嫩薑、綠紫蘇、細香蔥切成細丁，沖水後濾去水分做成「綜合藥味（辛香料）」。不只可用來搭配涼拌烏龍麵、蕎麥麵等，也可撒在汆燙過的薄切五花豬肉片上，再淋上醬汁食用。更可用來佐和風湯品增添香氣，是我家餐桌上的常客。

鹽漬檸檬

將檸檬切片再摻入檸檬20％比例的鹽巴，放置兩週醃漬即完成。鹽漬檸檬我是在法國超市初次邂逅，發現使用一整顆檸檬去鹽漬的作法最受歡迎。非常適合用在摩洛哥或中東等料理中。

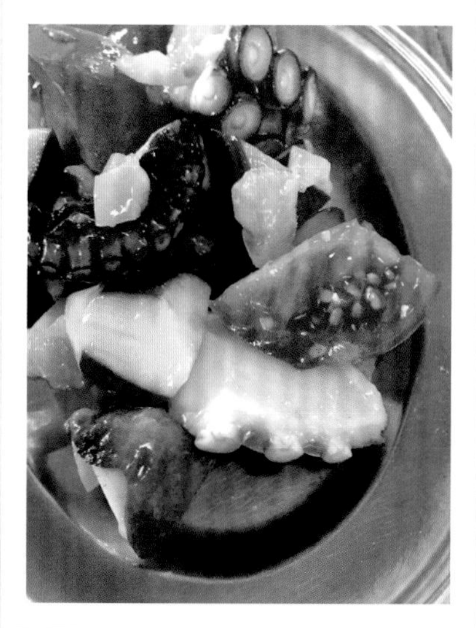

鹽漬檸檬的延伸料理

我會將它切細丁，再拌入切塊的章魚、小黃瓜、番茄、橄欖油做成沙拉，會成為相當棒的點綴。此外將切丁的鹽漬檸檬拌入香料、蒜末、橄欖油，再搭配炙燒肉排或燉煮食物後，馬上又會變身充滿異國風味的絕品料理。

トルティーヤセット

「捨棄白飯、麵包，墨西哥薄餅是這些料理的最佳好搭檔！」

這是我喜歡的夏季料理，在此精選部分介紹給大家！
1 椰子森巴 Pol Sambola（椰子拌飯料）
2 印度綜合香料 Garam Masala（獨創綜合香料）
3 韓式包飯醬 Ssamjang（韓風甜辣豆瓣醬）
4 全麥墨西哥烤餅（可用平底鍋製作的不甜麵粉餅皮）

1 椰子森巴 Pol Sambola
椰子拌飯料

這是在某個夏日的一天。我去吃斯里蘭卡料理，在一大盤簡餐中發現的。在椰子絲中拌入酸辣滋味，一問才知道是用生椰子絲做的。雖然他不是這份簡餐的主角，只是用來搭配米飯與豆子咖哩的配菜，卻讓人對這道餐點留下深刻印象。在日本無法取得生椰子絲，我以乾燥椰子絲替代，並為提高保存性改良成拌炒作法。

材料：
- 紅洋蔥 小1/2顆（也可用紅蔥頭試試！）
- 植物油 2大匙
- 椰子絲 100g
- 鹽 5g
- 卡宴辣椒粉 Cayenne Pepper 3g
- 咖哩粉 15g
- 乾燥咖哩葉（若有可添加）1把
- 黑胡椒 少許
- 檸檬汁 1/2顆（約20cc）

作法：
❶ 在平底鍋中加入植物油，放入切成細絲的紅洋蔥後炒到洋蔥呈透明狀。放入除了檸檬汁以外的材料，熱炒3～4分鐘直至香味釋出，避免燒焦。熄火後加入檸檬汁。
❷ 放涼後即可裝入保存容器，置於冷藏可保存約兩週左右。

料理應用 A

墨西哥捲餅＋煎蛋，再佐檸檬與鹽巴

煎蛋捲餅

在加熱的平底鍋中放油後再打入一顆蛋。用筷子將蛋黃戳破後蓋上一片墨西哥烤餅，確認蛋黏上烤餅皮後即可扣到盤子上。舀上椰子森巴並撒上少許鹽巴，擠上檸檬汁後即可捲起享用。

料理應用 B

結球萵苣沙拉

將結球萵苣不去芯直接像切蛋糕一樣，分切成塊狀後放入盤中，淋上您所喜好的沙拉醬，佐以適量椰子森巴，大快朵頤。

料理應用 C

搭配鹽烤竹筴魚

基本上只要是烤到表皮酥脆的魚類都適合。將竹筴魚對切後盛盤。依序加上橄欖油、椰子森巴，並可依個人喜好搭配香菜，擠上檸檬汁也很不錯！

料理應用 D

玻璃罐沙拉

在美國Mason Jar的玻璃罐中填入沙拉製作。由於可以在冷藏狀態保存2～3天，加上方便攜帶因此在紐約相當盛行。不久前也在日本造成風潮。

享用時…

搖晃瓶身拌勻整體食材。

（擺放的順序很重要，由下往上依序是）

1. 沙拉醬
2. 豆子（鷹嘴豆等煮熟豆類）
3. 白花椰菜（新鮮亦可，在此使用清燙過的）
4. 火腿丁
5. 椰子森巴

Point

亦可添加番茄或煮熟的糯麥、小黃瓜丁、薯類等，自由搭配。
加入切丁的坦都里烤雞也是絕配！

印度綜合香料
Garam Masala

一直到不久前我都還只是將它定位成「不過就是咖哩煮好前添加的香料?!」在我第一次造訪台北時，最後一天好朋友莉莉送了她父親特製的五香粉給我。「這我做不出來呀！」當時的感謝與感動仍記憶猶新。

用完整香料磨粉製成，那新鮮飽滿的香氣令我驚艷不已。充滿了市面上既有商品無法比擬的特殊魅力！

這麼說來也許我也可以自創出「一味到底」的獨特配方?! 熱愛印度料理的我自此開始思考屬於自己的配方，於是製作出這款「獨創綜合香料」。(至於能否一味到底尚爲未知數)

Garam意味著綜合，Masala代表香料。

我試著依照季節重新搭配組合各種完整的香料材，過程充滿樂趣。夏天多加點辣椒，再搭上和辣椒對味的茴香籽；冬天添加具預防感冒效果的肉桂，再將茴香籽改成八角等。

最簡單的應用法首推「鹽味日式飯糰」與「鮭魚飯糰」。在飯糰外側沾上的印度綜合香料會和鹽分融爲一體，美味無比。不需費神製作太複雜的料理就能品嘗到香料的美味，多麼令人驚喜。

還可以應用於奶油炒菠菜，或拌入沙拉醬中，大家可以試著在日常裡從簡單的料理開始活用。

材料：

- 紅辣椒 3根
- 小豆蔻(整顆)1大匙
- 孜然(整顆)2大匙
- 丁香(整顆)1大匙
- 芫荽籽(整顆)2大匙
- 肉桂棒 2～3根
- 茴香籽(整顆)1大匙
- 黑胡椒(整顆)1大匙
- 月桂葉 3片

作法：

1. 捏碎月桂葉，折斷肉桂棒後將其他所有香料一起放入研磨缽中，輕輕搗碎。透過搗碎的過程凸顯釋放出香味。若沒有研磨缽也可以用堅固的塑膠袋取代，再敲碎。
2. 放入平底鍋中烘烤，加熱所有香料但小心勿燒焦。
3. 放涼後即可以用磨粉機磨成細粉。
4. 保存，趁早使用。

料理應用 A

坦都里醃醬烤雞

可依個人喜好添加蒜泥或薑泥

雖然「坦都里烤雞」是因為放入坦都里窯烘烤而得名，在我家則是沒坦都里窯也喜歡稱它為「坦都里醃醬」。

[先做坦都里醃醬]

材料：

- 無糖優格 400g
- 鹽 30g
- 甜椒粉 15g
- 薑黃粉 5g（殺菌力強）
- 黑胡椒粉 2g
- 印度綜合香料 10g
- 手邊若有可再添加茴香籽或孜然 5g

作法：

將上述所有材料拌勻即可使用。為可醃漬6片雞胸肉（一片約300g）的份量。醃醬可保存約10天，使用相當方便。若想要帶點辣味可依喜好添加適量卡宴辣椒粉。

[準備烤雞肉]

作法：

❶ 將雞胸肉去皮後在較厚實處切開，把肉片薄，醃醬抓揉入肉片後放入夾鏈袋，置入冷藏醃漬1～2天。

❷ 料理時先將肉片自冷藏取出，待恢復常溫後，以200度烤箱烘烤17分鐘。

❸ 自烤箱取出後放置5分鐘才分切（馬上切會導致肉汁流失）。

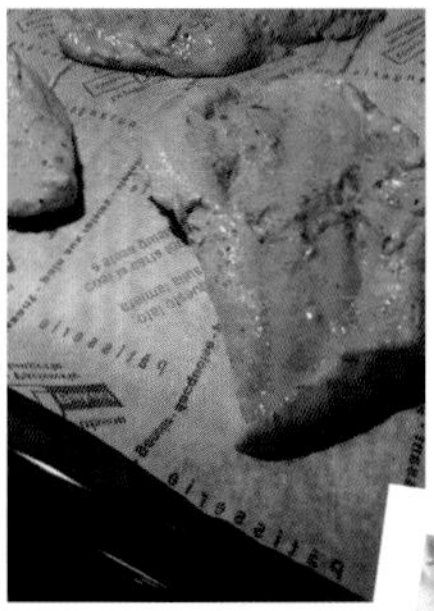

圖一

圖二

Point

如要做成三明治可搭配滿滿的結球萵苣再擠上檸檬汁，大口享用！也可和蔬菜一起盛盤，便是道非常迷人的料理。

Point

- 請務必趁熱享用！
- 目標是成色漂亮且口感絕佳狀態。
- 以日本酸梅取代羅望子。

料理應用 B

印度風辣炒秋葵Sabji

控制鹹味、酸味、辣味的比例

Sabji指的是「香料燉炒」料理。做的次數早已不勝細數，我喜歡將這道極愛的料理捲入墨西哥烤餅食用。

材料：

- 秋葵 40根
- 植物油 4大匙
- 紅辣椒 1根
- 薑 1大片
- 番茄 1大顆
- 印度綜合香料 2小匙
- 鹽 1小匙
- 日本酸梅 2顆

作法：

❶ 削去秋葵蒂頭處。(以鹽巴洗除表皮的絨毛)
❷ 切成三等份，並在熱過的平底鍋中清炒後取出備用。
❸ 續在同一鍋中加入油、碎紅辣椒、薑末後拌炒。
❹ 炒香後即可加入切塊番茄。
❺ 加入印度綜合香料及切碎的日本酸梅，拌炒約2分鐘後，放入步驟❷ 的秋葵，稍微炒熟後即可盛盤。

料理應用 C

醋漬生薑

我非常喜歡薑，常常在思考用薑做料理。某次去一家南印度料理店時有了這道佐餐用的配菜。不過我不確定作法是否相同。
吃了讓人通體舒暢的豆子湯、香料咖哩、薯條…，醋漬生薑可以搭配各種食材。那間店是搭配印度薄餅Dosa一起食用。

材料：

- 薑 300g(切細丁)
- 芥菜籽(棕色)1小匙
- 植物油 1杯
- 青辣椒 3～4根，切粗丁
- 日本酸梅 2顆，先搗成泥
- 印度綜合香料 2大匙
- 醋 5大匙
- 鹽 1大匙
- 紅椒粉或卡宴辣椒粉 1大匙

作法：

❶ 在平底鍋中加入薑、芥菜籽、植物油後點火加熱。
❷ 待發出滋滋的炒菜聲，並飄出香氣後，即可加入切粗丁的青辣椒。另外再把其他準備好的所有材料一起加入，煮開後即完成。
❸ 裝入瓶中放冷藏保存，可存放一個月左右沒問題。

Point

不喜辣者可選用紅椒粉，喜辣者可選用卡宴辣椒粉。若選用卡宴辣椒粉請將份量減成1小匙。

料理應用

D 菠菜與茅屋起司咖哩

材料：

- 菠菜 1大把，燙好備用
- 植物油 2大匙
- 洋蔥 1大顆（切粗丁）
- 孜然 1小匙
- 蒜頭 3片（切細丁）
- 薑 1片（切細丁）
- 番茄 1大顆（切小塊狀）
- 印度綜合香料 1大匙
- 卡宴辣椒粉 少許
- 鹽 1小匙
- 鮮奶油或奶油 2大匙
  佐以茅屋起司

作法：

❶ 在鍋中熱油，放入洋蔥與孜然清炒至稍微上色。
❷ 加入番茄拌炒將水分稍微炒乾。
❸ 加入印度綜合香料、卡宴辣椒粉、鹽續炒約1分鐘。
❹ 將燙好的菠菜與200g水用食物調理機打成泥狀後，一口氣加入鍋中一起燉煮。
❺ 煮開後即可試鹹淡調味（調整鹽巴用量）。
❻ 完成後再加入鮮奶油或奶油，佐以茅屋起司，趁顏色鮮艷漂亮狀態時享用。

自製茅屋起司

在印度稱為印度家常起司Paneer

材料：

- 牛奶 1公升（加熱至60度）
- 檸檬汁 50g（加入牛奶中）

作法：

待牛奶呈現分離狀態即可在網篩鋪上紗布過篩。若不喜歡酸味也可在包覆著紗布的狀態下，輕盈地在水中清洗，再擰去水分，最後添加入完成份量1%比例的鹽巴即可。

*在包裹紗布狀態下時可依個人喜好決定水分擰乾程度，在印度也有人會壓重石做出扎實口感的起司。

3

韓式包飯醬Ssamjang

韓風甜辣豆瓣醬

我家有熱愛韓國最具代表性調味料－韓國辣椒醬(Gocyujang)的大男孩。只要加入馬鈴薯燉肉等料理，瞬間就會變成超下飯的滋味。這裡介紹的韓式包飯醬是為了將韓國辣椒醬改版成更適合運用於日常生活的口味而生，添加了松子與番茄，是我的「獨創韓式包飯醬」。

雖不知包飯醬真正的製作方式，但這個醬料可以讓搭配的蔬菜與肉類美味加分，簡單方便。用生菜裹住燒烤肉片再佐上韓式包飯醬，大男孩們說：隨時都想吃！

材料A：切粗丁

- 蒜頭 2顆
- 薑 1大片(40g左右)
- 日本長蔥(白色莖部分)較粗的10cm
- 日本胡麻油 50g
- 番茄 中型1顆(150g)

材料B：

- 味噌 100g
- 韓國辣椒醬 50～100g
- 七味粉或韓國產辣椒粉(粗粒)1小匙
- 松子 50g(烘烤過)

作法：

1. 於平底鍋中加入日本胡麻油，和材料A一起拌炒。
2. 飄出香氣後加入切塊狀的番茄，拌炒3～4分鐘。
3. 加入材料B，待整體炒勻後再加入七味粉，起鍋前加入松子。
4. 移入保存容器中並放入冷藏保存，可以存放至少兩週。

料理應用 C

佐糙米小飯糰

一個不小心就吃下太多飯，真糟糕！在韓式包飯醬中拌入濾去油分的罐頭鮪魚肉也相當美味。

料理應用 B

包著墨西哥烤餅吃

在軟Q的麵皮排上生菜、綠紫蘇、撒鹽的炙燒豬肉片、韓式包飯醬，包裹起食用。

料理應用 A

蔬菜棒

當季好吃的蔬菜搭上盛在小杯皿裡的韓式包飯醬，沾著吃。

4 全麥墨西哥烤餅

不帶甜味的餅皮百搭各式料理，揉麵團的時間短且平底鍋就能烘烤，相當方便。

一開始我也多搭配如絞肉和豆子燉煮的墨西哥辣肉醬等料理，然而世界各地也有如北京烤鴨等，各式各樣的麵粉做的「麵皮」，所以這回我想讓大家試著搭配各種料理享用。

材料A：（約直徑23cm圓形5片份量）

- 國產中筋麵粉 270g
- 全麥麵粉 30g
- 鹽 5g
- 泡打粉 5g

材料B：

- 椰子油或橄欖油 15g
- 溫水 170g

作法：

❶ 於大鋼盆中放入粉類材料A、油及溫水後拌勻。
❷ 麵糰偏軟，在搓揉的過程中會稍微變硬，揉到表面呈光滑狀態即可。（圖一）
❸ 整成一團後再放回鋼盆中靜置15～20分鐘。
❹ 分割成5個（1個100g左右），稍微滾圓後鬆弛約15分鐘。
❺ 用擀麵棍擀薄成23～25cm左右大小（適量撒上手粉）。（圖二）
❻ 加熱平底鍋，將生麵皮攤放入鍋，以中～中小火加熱，麵皮開始膨脹後翻面。
❼ 兩面烤好即完成。烤好後一一疊放，再以廚房棉布等包裹，可預防變硬。
❽ 預先做好的墨西哥烤餅可以疊放後以保鮮膜包覆，再放冷凍保存。食用時先放常溫解凍後再以平底鍋稍微加熱兩面，表皮會呈現稍微酥脆狀態。

圖一

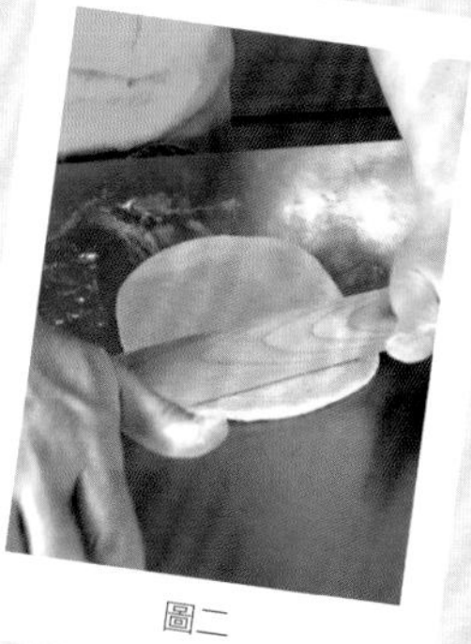
圖二

Point

- 烘烤後會膨脹（變厚），因此用擀麵棍擀開時最好要奮力擀薄。（我使用26~28cm的平底鍋烘烤）。
- 在麵糰沾上手粉擀平時須兩面交替翻面。擀開的麵糰要馬上烘烤。
- 100g的餅皮較小，若想要多包點餡料可改為以150-200g的份量分割。
- 冷凍過後再加熱的麵皮特別適合用來製作前面介紹的煎蛋捲餅。

IG至上？

社群媒體
對法國甜點界的挑戰

文字、攝影／Ying C.

Cédric Grolet主廚的水果雕塑經由社群媒體傳遍全球，
也形塑了他的明星甜點師形象。

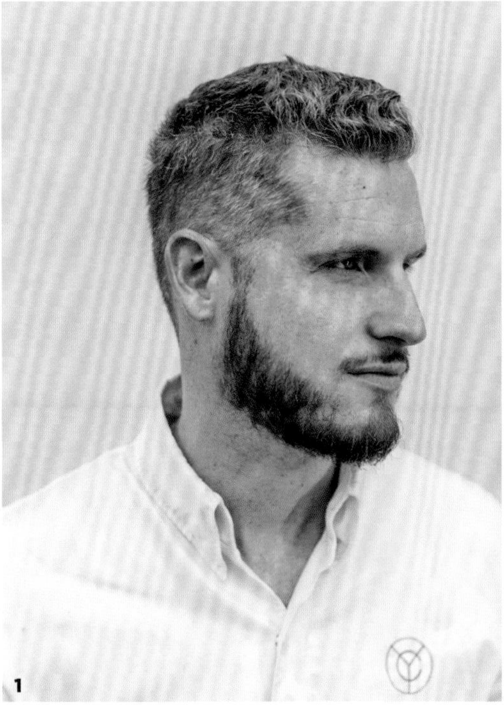

照片來源：Yann Couvreur Pâtisserie

1. 知名巴黎甜點主廚Yann Couvreur，他在Instagram上擁有超過22萬追蹤者。（照片來源：Yann Couvreur Pâtisserie）**2.** 法國甜點雜誌《Fou de Pâtisserie》創辦人與總編輯Julie Mathieu。

「欸，我在Instagram上面看到了一個好漂亮的甜點！要不要我們有空一起去吃？」、「好啊，我最近看到另外一個主廚也有新作品，他還po了斷面的影片，太誘人了！我也想順便去看看！」這樣的對話你是否很熟悉呢？

社群媒體的力量有多驚人？當打開Facebook與Instagram，那些精緻美麗的甜點不僅快速吸引眼球注意力、更可能直接啓動消費慾望。近兩年不只台灣，全球都掀起法式甜點熱潮，除了法國甜點界人才輩出之外，也得歸功於全球甜點師的頻繁交流。而社群媒體、特別是Instagram的蓬勃發展，在其中更扮演了非常重要的角色：許多甜點因此以光速傳遍世界各地；許多甜點主廚也一躍成爲名人、甚至明星。

不能只做好甜點，社群互動成爲必需

大概是從兩三年前開始，幾乎所有巴黎的甜點主廚都開了Instagram帳號。即使沒有個人帳戶、也會有店家帳戶，由於前者是由主廚本人親自掌管與發布消息，通常會比後者更爲活躍、與粉絲之間的互動也更多。巴黎知名甜點主廚Yann Couvreur曾經對法國世界報《Le Monde》表示，Instagram是「一個面向世界的櫥窗，而且是免費的」，在我對他的專訪中，他也提到「這是當今最主要、最便利的溝通管道」，不僅將甜點師的作品呈現在世人面前，更是與顧客溝通、傳遞店家最新消息的方法。「如果今天你是一個甜點師，但對Instagram沒有興趣，要成功會相對渺茫、時間也會拉得更長。」

引領世界甜點潮流的法國甜點雜誌《Fou de Pâtisserie》（《瘋甜點》，暫譯）創辦人與總編輯Julie Mathieu在接受我的訪談時，曾經提到社群媒體對他們的經營發展非常重要，「即使是紙本雜誌，在當今也必須360度多方經營」。這個甜點愛好者的網路社群是自發形成，且水準高得不可思議、甚至領導了雜誌的編輯方向，「現在我們雜誌每一期開頭，都會分享16個最佳讀者作品，大家都很開心、而且會因爲自己出現在雜誌上而感到很驕傲」，Julie特別強調了活躍的網路社群強化了對雜誌的死忠支持。

從與店家、主廚互動開始，積極活躍的社群也逐漸改變了整個產業的經營方式：店家需要和網路社群互動連結；甜點人需要將自己的創作哲學透過社群媒體傳達出去、樹立個人風格，像以前一樣安靜地做好本份工作已經不夠了。

視覺很重要！漂亮與風味的兩難

社群網路的發達帶來的另一個重大影響，在於對甜點作品的外型要求變得更爲嚴苛。法國一向對甜點作品都有「要好看也要好吃」（"beau et bon"）的雙重要求，但當今如此倚重社群媒體作爲行銷主力，形塑了新的消費習慣：許多消費者可能因爲在Instagram上看到了某個甜點，決定去某家店消費，甚至可能會拿著別的主廚的作品去問店家有沒有做同樣的東西。

這樣的生態爲甜點界帶來了許多衝擊，也形成了不少挑戰。例如，市場上出現越來越多特殊形狀的模具，消費者跟主廚們都已經無法滿足於「普通的」圓形、方形、三角型等。如果能在造型上先聲奪人，就可以產生一定的討論熱度、並引起各種仿作，這也是爲何有時會看到市場上一窩蜂出現某些形狀或外觀的蛋糕。爲了蹭熱度、再加上社群媒體的資訊流通實在太快速，也有的店家乾脆直接照抄當前最紅的甜點造型，省了研發的心力。

對外觀的執著，除了造成對模具的使用依賴、扼殺原創性外，更有可能與如今高漲的健康意識產生衝突。原本消費者對甜點造型中「非天然」成分的容忍度已經比餐飲來得高，「外型要吸睛」更可能助長了色素與人工添加物的使用。譬如我們大概難以接受餐點裡出現冰藍色的米飯，但一個閃著亮澤的艷紫色蛋糕卻可能有不少人叫好。美麗外型和健康要求也許在現實上確實是兩個難以共存的維度，但甜點人卻必須在這兩難中找到出路。

對外型的重視更可能因此犧牲口味，特別是對一些年輕、或是業餘的甜點人來說。在法國世界報一篇〈更漂亮、但還要更健康：甜點人的兩難〉1的專題報導中，法芙娜的巧克力大師Frédéric Bau，因爲擔任法國電視台M6一個極受歡迎的甜點競賽節目「Le Meilleur Pâtissier」（「最佳甜點師」，暫譯）的評審，觀察到許多參賽者雖然都注意要使用品質好的、有機的食材，卻可能在最後完工裝飾時因爲要讓甜點外表更閃亮，而使用極甜極油膩的鏡面，最終毀了一個甜點。他形容這些作品「很美但無法入口」。

foudepatisserie
8 149 J'aime
foudepatisserie Delicatesse infinie que cette creation de @quelques_p autour du yuzu et de l'osmanthe ! Ca vaudrait bien un voyage a #taiwan.
#taiwan #yuzu #bergamote #agrumes #citrus

《Fou de Pâtisserie》廣泛關注世界各地的甜點師與甜點店，Instagram帳戶曾多次轉發台北Quelques Pâtisseries某某。甜點的作品，引起廣泛討論。圖中為「花柚開好了」。

1：原文為「Toujours plus beau, mais toujour plus sain: le dilemme des pâtissiers」

1

2

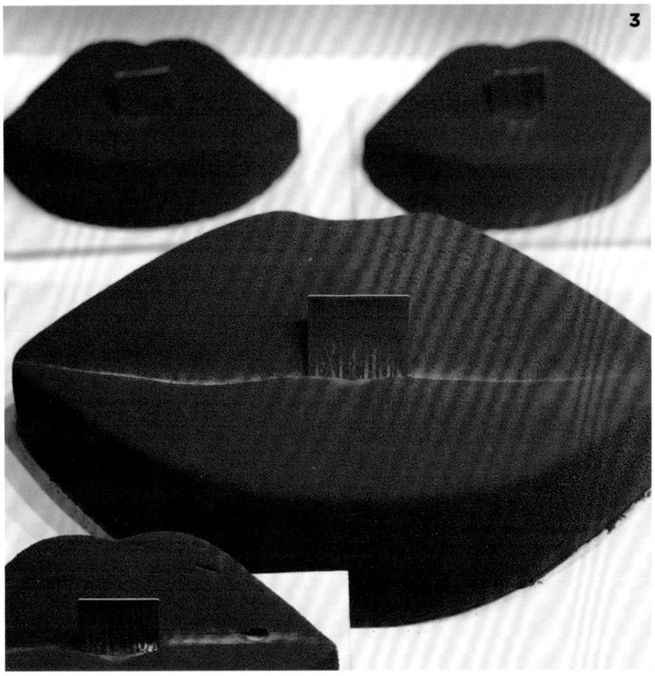

3

4

#造型越來越吸睛了！

1.Fauchon的François Daubinet 主廚與Mokaya 模具品牌合作推出的「Folha」青蘋果紫蘇藜麥長胡椒蛋糕。

2.發明可頌甜甜圈(Cronut®)的Dominique Ansel主廚，日前在巴黎客座Yann Couvreur甜點店時，推出造型特殊的「Pretzel」德國紐結餅慕斯蛋糕。

3.Fauchon的招牌甜點「Bisous-Bisous」(「吻」)，顏色與外型同樣吸睛。

4.Christophe Michalak甜點店的「Mon Koeur」(「我的愛」)，嬌豔欲滴。

叫好未必叫座，能否把甜點賣出去才是關鍵！

大部分的法國甜點主廚在面臨社群媒體的風潮時，選擇的是直面挑戰、順勢而行，不僅分享甜點、工作實況，更分享個人生活動態，成功建立個人品牌。他們當中有許多人不僅擁有數十、數百萬的追蹤者，也成爲貨真價實的明星主廚，例如在台灣擁有超高人氣的Amaury Guichon與Cédric Grolet。也有些主廚不那麼善於應對社群媒體，便把官方帳戶交給專業的公關打理，讓自己可以專心創作，譬如Pierre Hermé與Des Gâteaux et du Pain的甜點主廚Claire Damon。

在我對Julie的訪談中，曾經特別詢問她覺得Instagram對當代的甜點人們帶來什麼樣的挑戰，她回答：「對這些因爲甜點熱潮、社群媒體與行銷而大紅的年輕甜點師們來說，真正的挑戰其實是如何將甜點賣出去」。特別是對開店的主廚而言，一旦開了店，就必須賣出甜點，生意才能存續，「即使在Instagram上面有超過30萬的追蹤人次，但甜點賣不出去就沒有用」。Julie的回答切中要點，這也是許多主廚即使擅於爲甜點妝點美麗

#法國吸睛甜點主廚

Dominique Ansel

發明可頌甜甜圈(Cronut®)、西瓜霜淇淋(What-a-Melon)、巧克力餅乾杯(Cookie Shot)、火烤棉花糖冰淇淋(Frozen S' more)等創意層出不窮的知名甜點主廚，曾於2017年獲得由世界五十最佳餐廳評鑑(World's 50 Best Restaurants)頒發的「世界最佳甜點主廚」(World's Best Pastry Chef)獎項。

@dominiqueansel

Yann Couvreur

前巴黎 Hôtel Prince de Galles 甜點主廚，2016年開立自己的同名甜點店，以「狐狸」做為吉祥物，希望自己能無拘無束地創作。他的甜點隨著四季更迭、著重風味的鍛鍊，並堅守不使用色素、香料、防腐劑的原則，是巴黎甜點界「返璞歸真」與「健康潮流」的意見領袖。

@yanncouvreur

François Daubine

目前法國高級食品集團Fauchon的執行甜點主廚，是巴黎知名的年輕主廚之一。過去曾在五星級酒店如Hôtel de Crillon、Hôtel Plaza Athéné歷練，後被Christophe Michalak主廚網羅。在加入Fauchon前，他擔任歷史悠久的星級餐廳Le Taillevent甜點主廚。

@francoisdaubinet

Amaury Guichon

社群媒體當紅的明星甜點主廚之一，是「Qui sera le prochain grand pâtissier?」第一季季軍。以一系列展現高超甜點與巧克力雕塑技巧的影片聞名全球，Instagram超過160萬人、Facebook接近85萬人追蹤。目前擁有自己的甜點學院「Pastry Academy」，將於2019年底二度來台。

@amauryguichon

Frédéric Bau

法國知名巧克力師、甜點師，是法芙娜(Valrhona)巧克力創意總監，並創立法芙娜巧克力學院，是許多知名主廚再進修的場所。他發明「Dulcey」白巧克力，其「巧克力甘納許製作三步驟」更徹底改變了整個甜點界、啟發無數的嶄新創作。

@frederic.bau

Christophe Michalak

法國最早出名的明星甜點師，2001至2016年在巴黎五星級飯店 Hôtel Plaza Athénée擔任甜點主廚，並帶領法國隊在2005年得到甜點世界杯冠軍。目前擔任「Qui sera le prochain grand pâtissier? 」(「誰是下一個甜點大師？」，暫譯)電視節目評審，在巴黎擁有三家、東京一家同名甜點店。

@christophe_michalak

的外型，仍然強調自己重視風味的原因。特殊外型也許能造成一時熱潮，但口味始終才是客人是否會回購的關鍵。

對眞正專業的法國甜點主廚而言，重視口味並不代表他們放棄了對外表的雕琢。有的主廚選擇使用蔬果提煉的天然色素來取代人工色素，譬如早在2016年便是先行者的Hugo & Victor主廚Hugues Pouget。Pierre Hermé主廚目前已開始使用甜菜、薑黃、葉綠素粉等爲馬卡龍染色、Cédric Grolet主廚更在今年推出一系列新的水果雕塑。當他的副手Yohan Caron在Instagram上面宣布「草莓2.0」並未使用（人工）色素時，引起一陣轟動。也有的主廚走得更遠，直接捨棄對色素、金箔等的使用，回歸對甜點本質的思考，譬如前文提到的Yann Couvreur主廚。他的作品大量使用當季盛產的水果與堅果，在裝飾時也嚴格遵守同樣的邏輯。他的甜點櫃繽紛多彩，作品外型依然細緻，在健康與美麗的兩難間，他用紮實的功底給出了回應。雖然他本人認爲自己的甜點其實可以做得更美，但是更健康自然、注重甜點本身的味道才是最重要的，因爲「一個甜點應該首先要被好好品嚐」。

Pierre Hermé

提到當代法式甜點不可能不提及的大師。其敏銳的味覺、美感、技巧開啟了現代法式甜點的新紀元。他被《Vogue》雜誌評為「甜點界的畢卡索」、幾乎是馬卡龍的代名詞，並於2016年獲得由世界五十最佳餐廳評鑑頒發的「世界最佳甜點主廚」獎項。

@pierrehermeoffcial

Hugues Pouget

巴黎甜點店 Hugo & Victor 的甜點主廚與創辦人，曾擔任Guy Savoy 集團行政主廚，2003 年得到法國甜點錦標賽的冠軍。擁有新加坡、上海與巴西等地的海外工作經驗，經常採用異國食材作為甜點創作的元素，也是第一個宣布使用天然色素取代人工色素的甜點主廚。

@huguespouget

Cédric Grolet

當前全球最知名、也最具影響力的明星甜點主廚。掌管巴黎Le Meurice酒店甜點廚房，並擁有自己的同名店面。水果雕塑系列與其他個人風格強烈的作品讓他成為全球甜點師的偶像，在Instagram上面有超過130萬人、Facebook 22萬名粉絲。曾於2019年七月來台辦快閃甜點店。

@cedricgrolet

Claire Damon

巴黎唯一一位擁有自己甜點店的女性甜點主廚，是大師Pierre Hermé的弟子，也在Hôtel Plaza Athénée與知名主廚Christophe Michalak 共事多年。其作品簡潔精練、以水果為創作中心。她與法國各地小農合作，選用最好的產品，用各種不同的甜點來描繪當季水果的迷人風貌。

#desgateauxetdupain

Sébastien Dégardin

前法國知名星級餐廳Troisgros甜點主廚，是當時最年輕的三星甜點主廚。2004 年加入 Pierre Gagnaire 集團，在香港、杜拜與東京都有所歷練。目前與妻子一同在巴黎 5 區萬神殿旁開業，擁有一家名為「Pâtisserie du Panthéon」的甜點店。

@sebastien_degardin

Benoit Castel

學甜點出身的主廚，在職涯中逐漸發展對麵包的熱愛。掌管巴黎Le Bon Marché百貨公司食品部門「La Grande Épicerie」甜點廚房八年，接著創立Joséphine Bakery與Liberté甜點麵包店，目前在巴黎開立同名麵包甜點店。其作品自然質樸、重視風味與本質。

@benoit_castel

1.Cédric Grolet 主廚的「Fraise 2.0」(「草莓2.0」)，使用天然蔬果色素染色。 **2.**Yann Couvreur主廚的甜點店櫥窗內滿是色彩繽紛、造型細緻的品項，全部都未使用色素與防腐劑。

1

2

思考以貌取人帶來的浪費，創造更有意識的消費行爲

不過，有的時候消費者不見得會對食材的眞實風貌照單全收。Julie在訪談時便提到，最近出版食譜書《Pâtisserie simplement naturelle》（《自然派甜點》，暫譯），強調甜點「自然就是美」的Benoit Castel主廚，「自從他的開心果費南雪停止使用綠色色素後，由於不再是鮮綠色而呈現天然黃褐色，銷售量下降了20％」。世界報的專題中也提到，Sébastien Dégardin主廚的香草蛋糕因爲不再使用二氧化鈦染成雪白色，銷售量直接少了兩倍。

面對「以貌取人」的消費行爲，有的主廚堅持走自己的路，如Benoit Castel主廚認爲要與消費者持續溝通，但也有主廚因爲該商品佔業績比重太大，無力承受改變可能帶來的衝擊。譬如Julie提到Pierre Hermé主廚因爲消費者的強力要求，而必須在一月賣草莓蛋糕，招牌甜點「Ispahan」玫瑰荔枝覆盆子馬卡龍也必須全年供應。她特別指出：「消費者也是需要被教育的，如此才能解決這些（因外型要求而產生的）衝突。」

「教育消費者」或許聽來太嚴肅，但最近開始有主廚利用網路的即時性和社群的口碑力量，試圖和消費者一起創造對環境、生態都更友善的消費行為。例如，有鑒於對甜點新鮮度和外型的極端要求可能造成的大量浪費，Claire Damon主廚在今年五月三日，於Instagram上面宣布「dgedp[2]回收站」（La Recyclerie dgedp）企劃：如果前日有未賣出的甜點或麵包，當日會在Instagram上發佈貼文告知顧客，讓消費者可以用較便宜的價格購入，既避免了浪費、也讓消費者反思不同消費模式產生的影響。

甜點本是為人們的生活帶來愉悅，但主廚的創作與消費者的購買行為，都是個人理念的展現與價值的選擇。面對難以抵擋的社群媒體力量，也許更好的態度，是在瞭解它帶來的各種影響後，更有意識的選擇與行動。

#dgedp回收站

巴黎甜點店 Des Gâteau et du Pain 的「dgedp回收站」企劃，每天會公布前日未賣出的甜點與麵包，讓顧客以便宜價格購入。

「dgedp回收站」企劃6/14日當天的發文，公佈本日有兩盒包含四個單人份甜點、一盒一個四人份大甜點及兩盒價值18歐元的麵包組合。

Profile

Ying C. 陳穎

華文世界首位以系列專文拆解法式甜點奧祕、深度評析世界甜點趨勢的作者，並以Instagrammer @applespoon身分活躍於巴黎社群媒體界。在成為甜點人之前曾是行銷人與社會學家，擁有台大商研所、荷蘭Utrecht University社會研究雙碩士學位與數年國際品牌行銷經歷，最後發現甜點比行銷與統計更能直抵人心。自「廚藝界的哈佛」Ferrandi 高等廚藝學校畢業後，歷經米其林星級廚房 Le Meurice、Saint James Paris及其他巴黎知名甜點店的嚴格考驗。著有《巴黎甜點師 Ying的私房尋味》。

個人網站：ying-c.com
Facebook：www.facebook.com/yingc.paris/
Instagram：www.instagram.com/applespoon

Pierre Hermé 的馬卡龍已改用天然蔬果染色。

2：dgedp是Claire的甜點店名Des Gâteaux et du Pain的縮寫。

滑嫩如脂奶油果

酪梨

撰文、攝影／台灣好食材 鐘玉霞、謝佩耘、李玉昀

台南大內是台灣的酪梨故鄉。
（圖／左岸幸福莊園提供）

滑嫩如脂的酪梨，富含對人體有益的不飽和脂肪酸，近年也是生酮飲食熱門食材。
切片做酪梨吐司，或是沾醬油就是道地的台灣吃法，
可鹹可甜的酪梨，挑選、保存、料理時有哪些撇步呢？

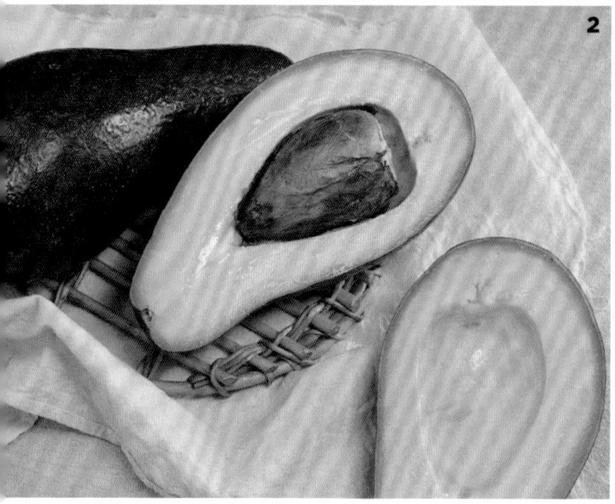

1. 夏秋時節正是台灣酪梨產季，其中，紅心圓酪梨奶香濃郁。
2. 酪梨籽還可種植綠意小盆栽呢。圖為口感較清爽的菜寮酪梨。

關於酪梨，你一定要知道的幾件事！

Q1 台灣酪梨的產季？

酪梨品種多樣，主要分成早、中、晚熟三型，5月至11月正是台灣酪梨主要產期，尤其酪梨故鄉：台南大內，是全國栽種面積最大地區，約佔全國總量的1／3。

Q2 酪梨口感都是濃郁像奶油嗎？

酪梨看起來像水果，不過，因富含對人體有益的不飽和脂肪酸，在分類上屬於「油脂與堅果種子類」，有「森林中的奶油」之稱，入口即化，滿滿乳香。品種不同，風味也略不同，也有比較「不油」的酪梨喔。像下面兩種：

	菜寮、黑美人酪梨	紅心圓酪梨
產期	約6月中旬至7月（早生品種）	約7月中旬至8月（中生品種）
風味	油脂含量較低，口感清爽滑順	油脂含量約8-15%，濃郁綿密，帶微微甘甜
吃法	適合做鮮食沙拉	適合料理、涼拌，如：酪梨烤蛋、酪梨牛奶

Q3 酪梨轉色，就代表成熟可以吃了？

酪梨是後熟的果實，果皮依品種不同，有的品種會由綠轉紅色或紫黑色，有的品種則不會轉色。轉色主要是葉綠素變少，花青素增加的關係。

Q4 如何判斷酪梨的熟度？

未熟的釋迦冷藏後會變成「啞巴果」（不會軟熟了），酪梨還沒後熟變軟前，不能放冰箱，以免低溫造成酪梨無法完全後熟。

要判斷酪梨熟度，可用指腹輕觸，按壓頭中尾端，有軟的感覺即是成熟的酪梨；或是搖一搖果實，聽見種籽與果肉分離的碰撞聲，也是辨別酪梨是否成熟的方法之一。

Q5 酪梨如何保存？如何催熟？

酪梨成熟後，若尚未要食用，可先用報紙包起來，放置於冰箱，約可冷藏保存7天。也可將成熟的酪梨，切片冷凍，取出後趁還未完全退冰時剝皮，打成果汁或直接享用其冰涼口感。

酪梨品種多樣，油脂含量不同，口感也不同。
圖為風味輕爽的黑美人品種。

相反的，若是等不及要吃了！可催熟酪梨：將酪梨和香蕉、蘋果裝進紙袋，放置室內陰涼處，香蕉、蘋果會釋放乙烯，加速催熟酪梨，約2～3天即可享用！

Q6 酪梨很容易氧化，如何避免氧化變棕紫色呢？

淋檸檬汁可減少酪梨氧化變色。酪梨富含豐富食物纖維，淋上含維生素C的檸檬汁，再加上富含單元不飽和脂肪的特級初榨橄欖油，還可以幫助腸道蠕動呢。

Q7 酪梨和番茄，為何是好朋友？

富含好脂肪酸的酪梨，能幫助脂溶性營養素ADEK等的吸收。番茄富含脂溶性維生素：茄紅素、維生素A、β－胡蘿蔔素，因此，搭配酪梨可幫助營養吸收。

Q8 酪梨怎麼吃？有哪些特別的吃法？

酪梨切片生食或入沙拉、做抹醬、搭配麵包，簡單就很美味。台南大內酪梨故鄉在地吃法是酪梨沾醬油，酪梨切片沾薑汁或蒜蓉醬油，滿滿台式風味。也可試試居酒屋小菜的吃法：酪梨切片淋上芥末醬油，撒上大量海苔絲。

日本近年也流行酪梨味噌漬：味噌和少許味醂混合成抹醬，再將抹醬塗在酪梨片上，放入夾鏈袋中，放冰箱醃漬一晚即完成酪梨味噌漬物。日本人說味噌和味醂將酪梨柔和的味道包圍著，有一種日式的溫柔風味呢。完成後除了當拌飯的漬物小菜，也可加入少許熱水，變成獨特風味的味噌湯。

此外，類似南瓜盅，酪梨剖半、挖空做酪梨盅，冷熱食享用。如：放入涼拌海鮮、優格、火腿，搭配酪梨丁，做冷食沙拉。或把優格換成起士，進烤箱焗烤，就是焗烤海鮮酪梨盅了。

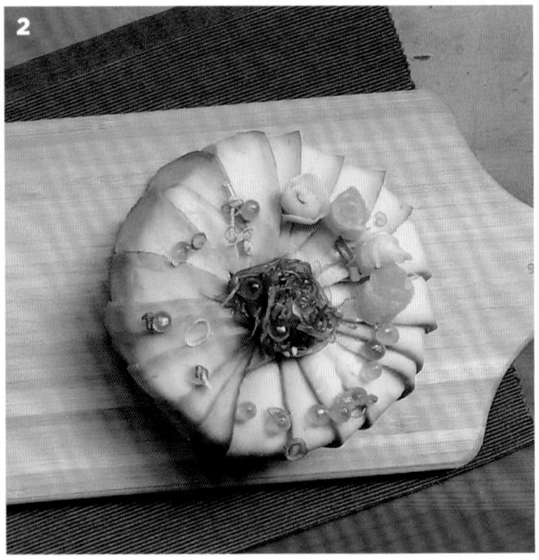

1. 酪梨切法多變，切片可堆疊成一朵美麗的玫瑰花。
2. 來一個酪梨生鮭魚蛋糕吧！
（圖／左岸幸福莊園提供）

Try it
動手來試試！

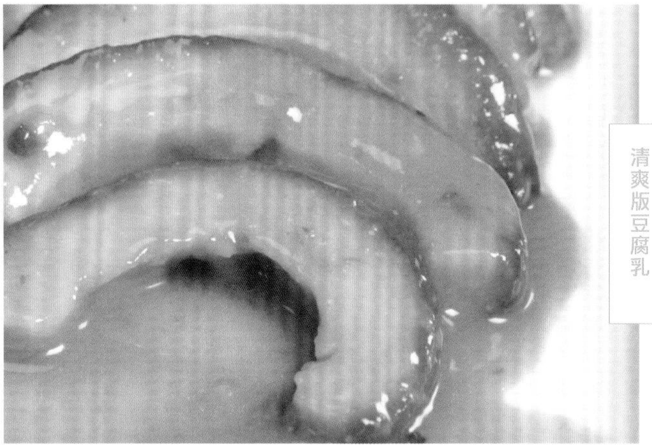

清爽版豆腐乳

味噌漬酪梨

Steps

1. 酪梨對半切開，取出果核。
2. 去皮、切片約1公分寬備用。
3. 味醂3匙微波加熱30秒。
4. 醬汁製作：砂糖1匙、味噌3匙、豆瓣醬1匙，加入味醂，混合拌勻。
5. 將味噌醬塗抹在保鮮膜上，鋪上酪梨片，再淋上一層醬汁。保鮮膜包裹，放入保鮮盒中。
6. 冰箱冷藏醃漬2-3小時。可翻轉酪梨，更能完全吸收醬汁。

早餐新滋味

酪梨焗烤蛋

Steps

1. 酪梨對半切開，挖掉果核。
2. 用湯匙挖深洞口，將雞蛋（1顆）蛋液緩緩倒入去籽後的凹洞內。
3. 以鹽、黑胡椒適量調味，灑上乳酪絲。
4. 烤箱以180℃預熱，烤15分鐘即完成。

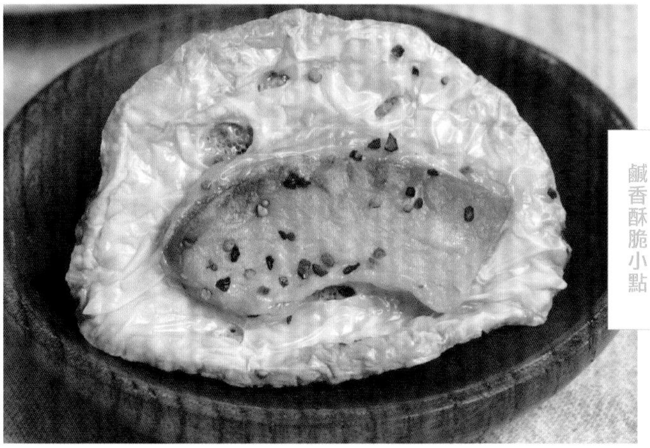

鹹香酥脆小點

酪梨起司片

Steps

1. 酪梨對半切開，挖掉果核。
2. 去皮後，對半切開，切成約0.5公分寬的酪梨片。
3. 起士片切成8塊三角狀。
4. 以平底鍋中火熱鍋，放上起司片，再鋪上酪梨。
5. 灑上些許黑胡椒調味，翻面煎至金黃色澤，即完成。

以上酪梨食譜，
都可在YouTube頻道
觀看影片作法

YouTube 搜尋：台灣好食材

酪梨3切法，
料理更便利！
片狀、塊狀、玫瑰花

https://reurl.cc/30oQL

更多台灣好食材
酪梨食材

https://shop.fooding.com.tw/

Food! Food! Food!

攝影計畫 vol.2

夏天前夕的青色聚會

Columnist

DingDong 叮咚

非典型攝影工作者，擅長在生活時光中自然擷取。在他的鏡頭下，平凡的每日場景，總可以充滿柔軟的瞬間。

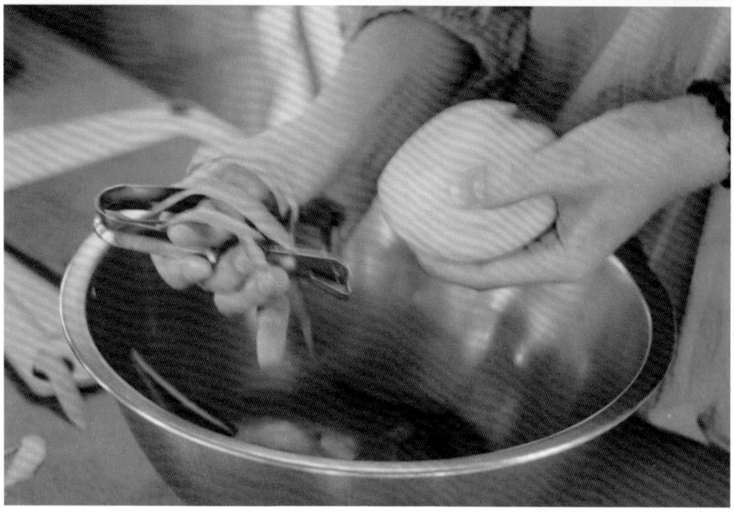

這個春天認識了一個台南的朋友—鈺婷，說著再過一陣子，院子前的芒果就要結實纍纍了，很困擾。

怎麼會呢？聽起來很可口啊。

鈺婷每年正式夏天以前，就會先跟這些青芒果奮鬥一波，院子裡這幾顆自然長成的芒果樹，若是不在青澀時期摘除，很快就引起蚊蟲的搶食暴動，等到熟成，果實內部早已爛掉。去年鈺婷一家三個姐妹採收院子裡的青芒果，各自帶回家各自醃製的慘烈經驗「一個人在家裡削芒果皮，不只削到起水泡外，完成所有芒果青醃製都已經是深夜，真的很想哭！」於是今年號召了大家一起來自採自醃製，台北俗的三個朋友也自告奮勇加入，南下來一場夏天前夕的青色聚會。

走進毛家院子，毛家妹妹ZONO咚咚咚快步從眼前經過，然後消失在屋子的角落，咚咚咚再出現時，她已經戴好帽子，手握了兩根長長的竿子，一根前端是剪刀，一根前端是網子，快速走到角落最高的芒果樹下。樹大約兩層樓高，是院子裡最高的一棵芒果樹，下午的光穿過樹，細碎的光影照下，很美很美！

鈺婷推開大門，毛家狗狗米咕先緩緩晃進來，朋友同事也都自動到芒果樹下圍成一圈，鈺婷與ZONO熟練且有默契的拿起那兩根長竿子，快速地剪下好幾顆芒果，那沒發一語的俐落採收動作，讓台北來的三個城市鄉巴俗驚訝不已，「我也想試試！」瞇著眼逆著光望著芒果，伸長了桿子掂起腳小心翼翼剪下，院子裡滿滿的笑容採下滿滿幾桶的青芒果。

「一個人削好再醃真的好寂寞啊！」另一頭去年獨自完成三大瓶苦主發出哀號。這天削芒果的生產線沿著長桌兩邊延伸，兩兩面對面，邊削邊聊天，邊笑邊喝茶，朋友士恩認真且效率的削了好多好多，嚷著「我真的好愛削水果啊！可以開一間冰果店讓我一直削水果嗎？」「那店名可以叫做『削婆』冰果室囉～～」屋裡的大家都笑得好開心，而狗狗米咕已經在桌下度估～

我獨自走出屋外，站在芒果樹下看向屋內廚房，ZONO開始教大家醃製的步驟與方式。在台北生活久了，大樹綠茵即使在眼前，距離卻遙遠。在毛屋裡生活，隨著季節轉換採收醃製果實，是跟芒果樹緊密在一起的感覺。我在屋外聽不到他們在屋內的聲音，但在芒果樹光影下的大家，那個因為下午一起醃製芒果青而擁有富足的笑容，讓我按下快門，很美很美！

攝影：游惠玲

Story
09.

米食裡的祝福
Blessed with Rice

一碗桂林米粉，一勺香料記憶

愛玲老師是香料魔法師，上過她的滷包課之後，我就陷入她布局的香氣迷魂陣中，無法自拔。明明是再熟悉不過的台式滷味，在愛玲老師手中，卻有千絲萬縷餘味，香料不搶戲，在菜餚裡藏著香氣的隱味，是花椒嗎？是胡荽籽嗎？才吃下肚，就讓人想念。

因此，當我知道老師要開設「桂林米粉」課時，我自然成爲鐵粉。各式米食都讓我歡喜，再加上過世的公公來自廣西，我對這四字「桂林米粉」總有些特別的想像。這位16歲就跟著國民政府來到台灣落地生根的少年郎，喜

columnist **游惠玲**

曾任《商業周刊》〈alive生活專刊〉資深撰述，現為不自由的自由工作者、十分滿足的媽媽。從小就愛吃飯，視「認真煮一鍋好飯」為生命之必要，從米食裡品嘗四季遞嬗、人情故事與生活的美好。 FB：水方子廚房手記

photographer **李俊賢**

用影像和文字書寫，想豐富自己和別人的生命經驗。曾在報紙、旅遊雜誌、電視擔任採編、攝影。近年漫步攝影「教與學」的幽徑上。現為台藝大通識教育中心「現代攝影力」課程講師、眷村保存與紀錄人。 部落格：空城記。憶

歡吃米粉嗎？他的媽媽曾經牽著他的手，去米粉攤上吃上一碗早餐嗎？

我無從問起，希望能在香料滷水與潤白米粉中找到蛛絲馬跡。愛玲老師說，光是滷水，就得用上26種香料，見識到桌上這一眼看不完的規模陣仗，我更加心存虔誠，仔細拍照筆記。草果是天生的除腥羶專家，南薑添清香、山黃皮帶酸，枸杞、紅棗、甘草具甜味，朝天椒能支撐整體的強度與深度，香料軍隊各司其職，各有任務。調味料則有魚露、桂林三花酒及醬油等，添入鹹鮮香。當我知道連魚露都是老師親手醃製的，她在我心中的地位更加鞏固提昇，是超人，無所不能。

熬製滷水得用上6.4公升的水，加入各種香料、豬骨、全雞、雞爪、牛腱心及豬舌等，經過10至15個鐘頭的細熬慢熬，途中要將煮好的豬舌、牛腱先行撈出，作爲配菜。你以爲這下就可高枕無憂、享受取之不盡的滷水，抱歉，這麼大把時間、如此大費周章，最後只會得到兩碗滷水。老師用湯匙撈起滷水，稠稠亮亮、滑滑香香，「這不是勾芡喔，是要熬到這個程度！」老師說得一派輕鬆，我們看得目瞪口呆，充分明白爲什麼人說：滷水是桂林米粉的靈魂。

酸豆，爲整碗米粉畫龍點睛，讓柔和米粉、豐潤滷水多了支撐點，小豆子的酸度與脆感在口中小爆炸，每一口都是靈動。愛玲老師特別託人幫她留「幼豇豆」，帶著青春的細嫩，連同薑黃醃上一個月，豇豆會著上一層細緻美麗的瑩黃色，有天然乳酸菌的酸香。起鍋油，炸黃豆、炸花生，炸得酥香如零嘴，每個人都忍不住偷捏來吃。

還不只這些，老師做的是豪華版的桂林米粉，讓人深感幸福的錦上添花。脆皮五花肉，外皮酥透、內裡軟滑；跟著滷水一起熬製的滷牛腱、豬舌，一定要切得薄如蟬翼，別誤會，這可不是小氣，地道就是這麼吃的。薄肉跟著滑溜米粉入口，好嚼又有味，一下子全入胃。那顆溏心蛋，滑嫩入心，透著香料氣息。極入味的大腸頭、豬頭皮切細細，每碗米粉都擱上一點，添香增脆。

配料萬事俱備，只欠米粉。在《地道風物．廣西》書中是這麼寫的：「一把新鮮的米粉在約80度左右的熱水中晃動20秒，這一過程廣西人叫做『芼』，『芼』與『冒』同音……『芼』好的米粉瀝乾水，扣入碗中形如龜背，一小瓢滷水被均勻的澆在麵上，滷水被溫熱的米粉一烘，絲絲香味緩緩昇華，一種氤氳氣氛頓時瀰漫開來。」

26種香料的滋味香氣交融，成就迷人滷水。（攝影：游惠玲）

哎呀！連煮米粉都得要有這般講究，老師用的是廣西來的乾米粉，煮法也有奧妙。先泡上五個小時還原米粉的滋潤水分，接續要在熱水鍋中煮上兩次，第一回燙過之後，即入冷水浸泡，這動作稱爲「過冷河」，再將米粉放回滾水鍋中烹煮至透白。老師叮嚀，過冷河的步驟不可少，能常保米粉Q彈有勁道。

我大開眼界，這一碗日常小食，竟有如此繁複的眉角細瑣，每件配菜小物，都是可登大雅之堂、可獨挑大樑的菜色。趕緊拌勻了嘗，「嗦」口米粉，意思是咕咻一聲吸入口中，那悠悠深深的滷水香氣貼著粉，在口中漸散，接續是脆皮燒肉的脂香、黃豆與花生的脆爽、還有酸豆跳躍的酸度，再輕加一小勺老師現炒的辣椒醬，辣味讓各種滋味都更立體了。

老師說這料理是跟桂林朋友的阿嬤學的，難怪，自家做的總不計成本，獨特又深刻。愛玲老師從小在馬來西亞檳城長大、婚後來到台灣定居，因爲喜歡香料與料理，走遍世界各地找尋芳香的滋味。香料與料理，隨著人們離開了自己的原生地，在不同國度、文化中變換姿態，擁有新的故鄉，繼續芬芳。

酸豆肉末拌米粉

美味的桂林米粉工程浩大，熬製滷水耗時，較難成爲忙碌一族的日常，但酸豆炒上冰箱常備的肉末、香菇丁、蝦皮，就可以馬上解饞，重點在於要仔細的將每種配料炒香，即是好用又好吃的澆頭。

材料

酸豆100克、絞肉400克、乾香菇8朵、蝦皮1大把、蒜頭4瓣、乾桂林米粉300克

調味料

醬油、魚露、醋、花椒香料油

作法

壹. 酸豆切細丁、乾香菇泡發後切細丁、蒜頭切末。

貳. 鍋中入油，炒香蒜末後，依序放入香菇丁、蝦皮及絞肉，確認每一樣材料都炒香後，才加入下一樣繼續炒香，最後以醬油、魚露及醋調味。

參. 乾米粉先泡水5小時，或前一晚放在冰箱冷藏。烹煮前瀝乾水分備用。

肆. 煮一鍋水，另備一盆冷水。水滾後放入米粉，稍煮軟後盛起移入冷水盆中，待鍋中熱水沸騰，再繼續將米粉煮至白皙軟Q。

伍. 碗中放入一人份米粉，淋上酸豆肉末，視個人口味再以少許醬油、魚露及醋調味，續淋上花椒香料油即成。

EATING WHILE TRAVELING

旅行中的食物

vol.6

松本╳山城裡的鰻魚套餐

炭火慢烤的鰻魚滋味

BOARDING PASS

TPE
TAIPEI

HND
Tokyo

Date
MAY 20

To
松本

Food
山城裡的鰻魚套餐

Columnist
徐銘志

自由撰稿人，曾任職於《商業周刊》、《今周刊》、年代電視台等媒體。作品散見於《GQ》、「端傳媒」、《經濟日報》、《好吃》、《小日子》、《華航機上雜誌》、《香港01》等。對於生活風格著墨甚多，著有《私．京都100選》、《日本踩上癮》、《小慢：慢活．詠物．品好茶》（採訪撰稿）、《暖食餐桌，在我家：110道中西日式料理簡單上桌，今天也要好好吃飯》。網站：www.ericintravel.com

火車飛馳行駛，一路奔向日本長野縣松本市。窗外近景像是快轉不斷呼嘯而過，遠方俊秀的高山，滿是白皚皚的積雪，不僅勾勒著我對松本的想像，也預告著即將到臨的一刻。五月底和友人一同前往松本這個被傳爲佳話的山城小鎮，爲的正是一年僅此一次、爲期兩天的工藝市集。

此刻松本市的質感生活氣息愈發鮮明，小鎮大街小巷中的咖啡館、藝廊、選品店、快閃店舉辦著展覽，人們一邊喝著咖啡、遊晃在令人嚮往的空間中，一邊選購著心儀的生活用品。襯著晴朗無雲的藍天，全城散發出一股自由、歡快的氣氛。入夜之後，小鎮顯得沈靜，那些酒酣耳熱的乾杯與交談，全都在一家家的餐廳食肆的大門後。

行前，熟門熟路的諸位朋友不約而同力薦，「到松本，就是要吃鰻魚飯！」一位好心的朋友更直接幫忙預訂了座位，「沒預約絕對吃不到。」過往遊歷日本的經驗不算少，鰻魚飯也吃過頗多，雖然各有所擅，但焦、香、醬汁鹹甜、米飯Q滑……都是引人入勝的關鍵。不過，究竟是什麼鰻魚飯，讓美食生活家們一致推崇？我和同行的友人心裡可有不少問號。

掀開暖簾，僅有四張桌子的「うなぎ すっぽん山勢」空間顯得相當充裕，沒有吧台，店內也因此沒有一般居酒屋的喧嘩感。點了飲品之後，開胃小點就上桌了，是道清爽且充滿視覺美感的料理。冷涼的些許高湯中浸漬著剝了皮的紅色番茄，一旁綠色的山蘇和炭火烤過的蕨類很稱職地在一旁配色，加上了切了絲拌了紫蘇絲的白蘿蔔和同爲切絲的茗荷。光是從這些看得到的細節知道，即便是道開胃小點也是充滿了師傅的手藝與心意。果然，湯汁鮮甜之外還帶著微酸，與蔬菜的搭配，平衡且爽口。

緊接著，鰻魚登場了，以串燒的方式。有點特別的，肉眼即能分辨，竹籤上頭的鰻魚分屬不同部

1. 店內一景。
2. 開胃前菜高湯冷野菜。
3. 中場的日式風格滑嫩雞肉。
4. 鰻魚不同部位的串燒，口感滋味大不同。

5. 先蒸後烤的白燒鰻魚。**6.** 廚房裡專注烤鰻的大廚。

位。上頭的像是鰻魚的中後段，下方則是鰻肝。醬燒的烹調方式將鰻魚彷彿染上了一層油光閃閃發亮，兩個部位顏色一深一淺，一長一窄，口感和滋味也大大不同。首次享受這種「綜合組合」的鰻魚串燒，好吃之外也相當有趣。更迷人的，則是那又薄又酥脆的一層，與內層富彈性的口感了。

此時，連菜單都沒看過的我們，終於知道友人口中的鰻魚飯，並非腦海中裝在漆盒裡的鰻魚飯，而是完完整整的鰻魚套餐啊。白燒鰻魚也跟著上桌，即便炭火慢烤染上一層誘人淺棕色，也擋不住有如滿滿膠原蛋白的白肉身。可搭配著或山葵、或檸檬、或鹽、或山椒粉而食，既飽滿又富變化的滋味也在嘴裡迸發。「好好吃喔」的讚美聲也毫不保留的炒熱氣氛。

席間，則上了一道非鰻料理，滑嫩的雞肉搭配著大顆粒的芥末而食，頗爲清爽與新奇。此刻，我們皆在猜測是否這就是套餐的

醬燒鰻魚是套餐的結尾。

句點，眼尖的友人則看見廚房裡的主廚又在炭火上烤鰻魚，大夥期待質爆滿，終於迎來最後的一道醬燒鰻魚。鰻魚不在白飯上，而是擺在偌大的陶盤，配著白飯而食。沒有任何淋在白飯裡的醬汁，卻更能感受到鰻魚本身的鮮美。

這是此生吃過最完美的鰻魚套餐了，樸實中忠實的呈現鰻魚的滋味，是會讓人朝思暮想的鰻魚料理。不過，就在離開松本之際，我才發現，另一位友人說的鰻魚飯，可不是這間呢。看來，除了「うなぎ すっぽん山勢」之外，去松本市的理由可又多了一項。

うなぎ すっぽん山勢

電話：+81-263-88-6005
網站：yamasei-unagi.jp

總鋪師的五條路

第五條

水。龍。頭。

「總鋪、總鋪」每個「鋪」都要走到相當熟悉，
這就是「總鋪師」的由來。
源之，取之，用之，變化之。
對食材的了解，是入行的第一步，
也是必須一直堅持下去的路。

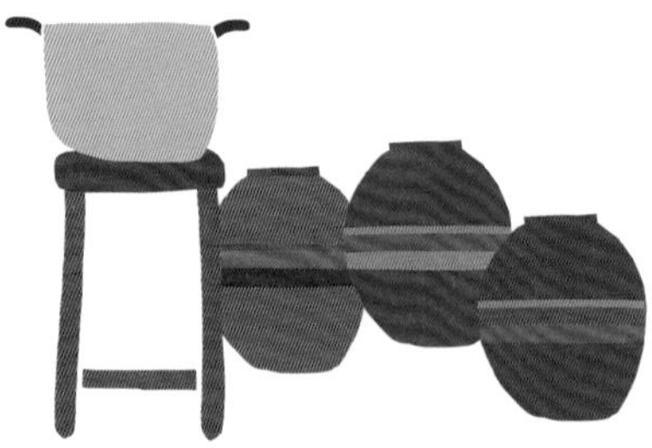

文字　陳思妤

問題多，記憶力強，喜歡圍繞在阿公、阿嬤身邊問為什麼？聽屬於那年代的故事。小時候愛跟著去外燴，開心的時候還會登台哼曲。家中的鞋子時常不成雙，因為被阿公用重機載著去外燴，回程太晚，睡著了，鞋子也就飛走了。逝去日子如鞋子，尋不回；可存放在心裡的是揮不去的甜蜜。希望憑藉記憶中的溫度，述說每道料理背後的深切。

料理　陳兆麟

為人慷慨，交友廣闊，一生只在一個單位服務—宜蘭渡小月，在祖父及爸爸身邊學習如何當一位全能總鋪師；冷台、砧板、灶台、蔬果雕刻、祭祀準備，總鋪師所需的十八般武藝，沒一樣難得倒他。兆麟師端出的新台灣菜，都有著傳統菜的倒影，裝飾著每道新菜的則是祖先們的智慧及年少時的回憶。自始至今，對餐飲的熱誠從未退燒。

十八般武藝

到了最後一個篇章，這也是能解釋爲什麼許多人說「台菜料理湯湯水水」的一個章節。阿公說，其實不是台菜總舖師要把菜煮得湯湯水水，而是因爲過去每個主人家的口袋深淺不同，若遇到經費較爲緊縮的宴席，亦不能讓賓客吃不飽，於是總舖師會跟主人家商量好，確定主食材後，不足的部分，打開水龍頭，牽羹、勾芡、煮湯以增加飽足感。

雖然阿公輕描淡寫地說出解決主人家的困擾之道，但看了老照片的我明白，早期不像現在那麼方便，水龍頭開了就有水，確定宴會日後，要去尋找水源，挖取溝道才有辦法儲水；另外砌爐灶、撿柴、生火、熱爐，亦是總舖師需要包辦的。

有句諺語說：醫生怕治嗽，總舖驚吃午。指的是晚上開席的桌，廚師早上8點就要開始準備，更別說是中午開席的桌了，在徒步的年代，時常是天未亮就得出門趕路，用「水深火熱」來形容外燴生活眞沒錯。事前的準備，餐期的喧囂，散場的寧靜，到了領尾肚錢，低下頭，看著跟去外燴的孩子，在一旁睡得香甜，總舖師這才露出欣慰的微笑。

＊尾肚錢：以前宴客，主人家通常是付完所有款項，才支付給總舖師，故稱尾肚錢。

總舖師的絕妙高湯料理技

水龍頭以湯品為章節，
湯的靈魂底蘊「高湯底」總舖師不私藏，教給您。

海 繽紛海鮮高湯

【材料】
乾干貝10顆、魚骨0.5台斤、蝦殼1台斤、紅白蘿蔔各半根（共0.5台斤即可）、西洋芹3根（0.5台斤）、水30杯

【作法】
所有材料洗淨，干貝泡開，烤箱預熱160度，入魚骨、蝦殼烤10分鐘（其間需翻面搖晃，不能烤焦），取出放入煮鍋中。蔬菜切塊，與干貝、水續入鍋中，大火煮沸，轉小火續煮5小時即可。

豚 清澈排骨高湯

【材料】
豬大骨1付（約4台斤）、豬絞肉1台斤、水35杯

【作法】
豬絞肉入冷凍庫冰凍。豬大骨洗淨入滾水氽燙，取出再次沖乾淨，移入鍋中入水淹過，以大火煮滾後，轉小火續煮5小時，入冰凍的絞肉塊（此法能使高湯呈現清澈，並提鮮）。待絞肉及血水浮出、撈起，濾取排骨高湯即可。

雞 濃稠雞高湯

【材料】
雞1隻（約5台斤）、水40－45杯

【作法】
雞肉洗淨剁半，入水淹過雞，再多2杯，封好入蒸籠蒸10小時，濾取原汁高湯即成。（其間請注意蒸籠的水是否足夠）

素 茹素高湯

【材料】
海帶2條、高麗菜1顆、紅白蘿蔔各半根（共0.5台斤即可）、西洋芹3根（0.5台斤）、香菜根0.5台斤、水30杯

【作法】
所有蔬菜洗淨切塊，入鍋中續入水煮沸後，轉小火續煮4小時即可。

家鄉的絲絲細語

西魯肉是傳統的宜蘭菜，不是在地人或許不會知道，有點類似白菜滷，但西魯肉的主料，不一定得白菜，有時以竹筍爲主，完全取決當令食材。

早期農業社會，生活艱苦，宜蘭庄腳人勤儉卻相當好客。過年過節，遠方朋友來訪或離鄉家人返鄉，餐桌上總會出現這道西魯肉。家中的扁魚干、乾香菇，菜園裡的大白菜、紅蘿蔔，鴨圈裡新鮮產下的鴨蛋，就是西魯肉的「標配」。

灶咖裡將扁魚、香菇爆得酥香，切得細細絲絲的時蔬下鍋，經濟好點的家庭有肉，就切點肉絲下鍋，最後鋪上炸好的鴨蛋酥及新鮮香菜，就能上桌。滿懷家庭味的西魯肉，最下飯！只有在家才吃得到，是外地遊子最思念家鄉的一道菜。

西魯肉

【材料】

豬肩胛肉絲600g、大白菜600g、乾香菇30g、紅蘿蔔20g、馬蹄20g、三星蔥4支、扁魚10g、高湯5杯、豬油45g、鴨蛋2顆、雞蛋1顆、香菜10g

【調味料】

醬油3湯匙、糖1湯匙、胡椒油1湯匙、香油1湯匙

【洗】

紅蘿蔔、馬蹄、大白菜、蔥、香菜、豬肩胛肉洗淨；乾香菇洗淨，泡發。

【砧板】

香菇、紅蘿蔔、馬蹄、大白菜、豬肩胛肉切絲；蔥切段；扁魚切末。

【油鍋】

鴨蛋、雞蛋混合打勻，以濾網將蛋液倒入80度之油鍋，炸至金黃色成蛋鬆後，瀝乾備用。

【炒鍋】

起鍋入豬油，將1/2的蔥炒香，續入扁魚炒香，白菜、高湯入鍋，將白菜煮爛，起鍋備用。

【煮鍋】

鍋中入油，將剩的蔥炒香，續入肉絲、香菇絲、紅蘿蔔絲、馬蹄、高湯白菜、調味料炒勻，放入蛋鬆，將其煮至入味，起鍋前放入香菜提味即可。

READ MORE!!

《台菜聖典－總舖師的五條路》

McCormick 味好美™

全球最多廚師指定使用
世界第一大新香料品牌

Mccormickspice 追蹤中 ▾ …

1,474 貼文　215千 位追蹤者　295 追蹤中

來自美國的味好美致力提供客戶世界上最美好的辛香料，不斷研發適合各種料理的香料，不僅滿足所有人的味蕾，更把世界各地的好味道傳承下去。

味好美嚴格的自我要求，所有的原料從挑選至包裝，都受到非常精密的電腦管理，我們絕不為了降低成本而選擇低品質的香料，或是添加便宜的玉米粉及澱粉，味好美只提供100%香氣濃郁、無雜質的天然辛香料。

味好美相信，一點點的味好美香料，就可以給各式料理大大的美味與滿足。

天然 ● 簡單 ● 美味

McCormick_blackpepper・追蹤中 ···

McCormick_blackpepper 我今天又被成功灑在100道超美味的料理上了!!!
覺得自己好厲害 👍👍👍

#我是味好美復古包裝黑胡椒粉
#我來自美國
#我的風味濃厚辛香
#灑上我就會讓餐點美味升級 +1000

#調味的好夥伴

2天

Mccormick_whitepepper
研磨式白胡椒
有什麼了不起!!我今天還讓100個人打噴嚏了呢!!!

2天　15個讚　回覆

3659 個讚

2天前

留言・・・・　發佈

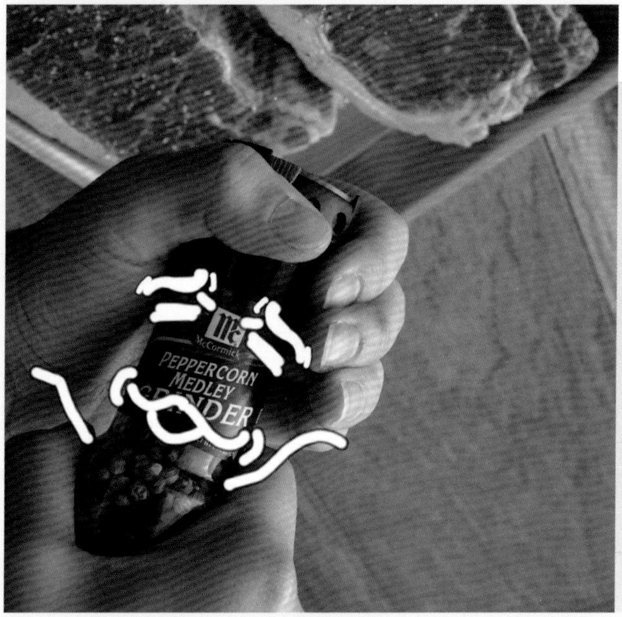

McCormickgirnder_pepperc・追蹤中 ···
自磨式七彩胡椒

McCormickgirnder_peppercornmelody
自磨式七彩胡椒
這種旋轉的感覺就像跳華爾滋一樣
隨著自己的心情調整用量~

#味好美自磨式七彩胡椒
#黑、白、綠和粉紅色整顆胡椒
#再加上整顆多香果和香菜籽
#多彩組合自磨式
#溫和胡椒香氣
#多重風味

12小時

McCormickgirnder_seasalt
自磨式海鹽
還可以加上我一起調味!!

10小時　31個讚　回覆

2366 個讚

12小時前

留言・・・・　發佈

McCormick_italianseasoning・追蹤中 ···
義式香料

McCormick_italianseasoning
義式香料
我是一瓶將七種香料以黃金比例混合的義式香料!!! 沒有我，根本不可能有這道美味的義式馬鈴薯烤雞!!! 沒有我，這道料理就沒有靈魂了!!!

#先將烤箱預熱至220°C
#在大碗裡把雞肉、馬鈴薯、洋蔥和甜椒淋上油
#撒上我和調味鹽後再拌勻
#將所有食材平鋪在烤盤上
#烤30分鐘把雞肉和蔬菜翻面
#再烤15分鐘直到雞肉煮熟就完成

1小時

1209 個讚

1小時前

總代理：欣臨企業股份有限公司　發佈
地址：台北市南京東路三段70號4樓
消費者服務專線：0800-095-555

發行人 何飛鵬
總經理 李淑霞
社 長 張淑貞
出 版 城邦文化事業股份有限公司 麥浩斯出版
地 址 104台北市民生東路二段141號8樓
電 話 02-2500-7578
傳 眞 02-2500-1915
購書專線 0800-020-299

發 行 英屬蓋曼群島商家庭傳媒股份有限公司城邦分公司
地 址 104台北市民生東路二段141號2樓
電 話 02-2500-0888
讀者服務電話 0800-020-299（週一～週五9:30AM~06:00PM）
讀者服務傳眞 02-2517-0999
讀者服務信箱 csc@cite.com.tw
劃撥帳號 19833516
戶 名 英屬蓋曼群島商家庭傳媒股份有限公司城邦分公司

香港發行 城邦〈香港〉出版集團有限公司
地 址 香港灣仔駱克道193號東超商業中心1樓
電 話 852-2508-6231
傳 眞 852-2578-9337
Email hkcite@biznetvigator.com

馬新發行 城邦〈馬新〉出版集團 Cite(M) Sdn Bhd
地 址 41, Jalan Radin Anum, Bandar Baru Sri Petaling,
57000 Kuala Lumpur, Malaysia.
電 話 603-9057-8822
傳 眞 603-9057-6622

Executive assistant manager 電話行銷
Executive team leader 行銷副組長 劉惠嵐 Landy Liu 分機1927
Executive team leader 行銷副組長 梁美香 Meimei Liang 分機1926

製版印刷 凱林印刷事業股份有限公司
總經銷 聯合發行股份有限公司
地 址 新北市新店區寶橋路235巷6弄6號2樓
電 話 02-2917-8022
傳 眞 02-2915-6275

版 次 初版一刷 2019年8月
定 價 新台幣249元□港幣83元

Printed in Taiwan

登記證 中華郵政台北誌第373號執照登記爲雜誌交寄

國家圖書館出版品預行編目(CIP)資料

好吃. 36：日常裡的青草學 / 好吃研究室著. -- 初版. -- 臺北市：麥浩斯出版：家庭傳媒城邦分公司發行, 2019.08
面； 公分
ISBN 978-986-408-518-7(平裝)

1. 食物 2. 飲料 3. 植物

427 108010835

好吃 Vol.36

日常裡的青草學

總編輯 許貝羚
副總編輯 馮忠恬
特約採訪編輯 石傑方、趙敘廷
特約攝影 王正毅、叮咚、鄭弘敬
專欄作家 Hally Chen、叮咚、李俊賢、陳兆麟、陳思妤、徐銘志、游惠玲、德永久美子
美術編輯 黃祺芸
行 銷 曾于珊、劉家寧